树医生的城市处方

[意] 瓦伦汀娜·伊万契克——著　　金佳音——译
(Valentina Ivancich)

北京联合出版公司 · 鼎音
Beijing United Publishing Co.,Ltd.

目录

第3章 孩子与树

放眼乡野，那苍翠欲滴带来的愉悦

和花朵那沁人心脾的芬芳

是天地的恩典。

此间的植物馨香宜人，

生机盎然。

累累硕果将枝条压弯，

交错的枝叶构筑了一座天然穹顶——

像这葱茏的森林欲为山峰加冕。

选自由戈特弗里德·范·斯韦滕（Gottfried van Swieten）男爵为弗朗茨·约瑟夫·海顿（Franz Joseph Haydn）编写的歌剧《创世记》德语剧本。

改编自英国诗人约翰·弥尔顿（John Milton）的史诗《失乐园》。

序 言

这一幕发生在某处的森林中。可能是一片雪松林：粗壮的参天大树构成一望无际的树林，纷繁交错的树影中洒落着斑斑日光。风儿从树梢轻柔地掠过，惹得枝叶飒飒作响，发出流水般的絮语，这声音时而细微轻快，时而响亮笃定。在繁枝茂叶之间，鸟儿的身影也变得难以捕捉，它们自在地飞行跳跃，鸣唱着动听的歌曲。脚下是由松针在数百年间铺就的厚厚的地毯，这些柔软的松针由高大的树冠上脱落而下，已经有些许腐烂。树木、叶子、泥土和风带来阵阵清香，时有时无，十分怡人。

人们时不时地在林间小径相遇，有老有少，有的独自一人，有的三两结伴。他们默默不语，并无兴致与你交谈。一些人边漫步边欣赏周遭的景色，另一些人则垂手而立，仿佛无所事事。一个男人拾起一根枝条，擦了擦，凑近闻闻——松香扑鼻。一个女人在小本子上写了几行字，勾勾画画；另一个女人看到一大丛蕨类植物而露出欣喜的神色，不多时，她也起身，继续缓步前行。

这些人既不是古怪的艺术家，也不是什么神秘宗教的信徒，他们来到树林里，不仅仅是为了徒步。

他们是遵医嘱而来的。

导语

“极乐园”（Paradise）是一座花园，这个词从字面上理解是这样，它最早出现在一首伊朗古诗中。所谓“黄金时代”，指的是人类最为完满的时期，褪去天真，追索极乐，实现了极致的和谐，这样的和谐便以一座充满仁爱的美丽花园为象征。在这座花园中，人类需要面对的最深邃的奥秘以极富意味的形式呈现：生命树和知善恶树。人类正是因为抵不住诱惑，尝了知善恶树的果子，才被撵出了极乐园。

从那时起，人类就和大自然分离了。在极乐园中，人类是大自然中不可分割的一部分，被驱逐出极乐园后，人类不得不与大自然彼此剥离了，再也无法回去。就这样，人类获得了“自我”，获得了觉知，获得了征服大自然的意识，等等；但是人类也确实失去了某样东西。在人类的本性深处，我们渴望回到失落的极乐园去，或许正是因此，走进一座美丽的花园时，我们常会产生回到家的感觉。

我们可以认为，人对自身与自然间的紧密联系早有意识，这几乎是《创世记》中的主要情节：人类的感情、感知、肉体与情感的冲动，与树木、植物以及万物之间的关联于创世之初便已相当完满、深入、明确，这是造物主早就刻入我们体内的印痕，不可磨灭。然而，又正是造物主将我们与大自然分开。

崇尚自然：树木、树林、生命、疗愈

大自然中蕴藏着生命与灵性的力量，它孕育万物，生生不息，疗愈创伤，这样的力量久为古老的人类文明所神化崇拜。当然，大自然也有令人畏惧的一面，它同样会摧毁万物，也需要抚慰，但这另当别论。

树木和树林，很容易被赋予超自然的意味——树木是“通天柱”，它象征着由大地孕育生命之力，直到今天很多人还会去亲自求证。他们遍寻荒漠，一旦发现树木，便将其视作神的启示。

树木的寿命极长，要远长于人类。它是历史的见证者和记录者——人类一代又一代繁衍更迭，而其间一棵树能一直保持着生命力。树木是联结世界的纽带，它的树冠高耸入云，它的根系深埋土壤。从这种意义上说，它是万物的楷模。风在多多那的橡树枝丫间耳语——那是天神宙斯在以这样的方式回应问卜者。佛陀在树下打坐圆满觉悟，从那一刻起，树也就成了圆满觉悟的象征之一。北欧神话中的诸神之神奥丁将自己吊在世界之树“尤克特拉希尔”上，自己献祭自己，只为了让世界繁衍生息。

当树木作为群体出现时，这种精神意象就更加丰富了。根据塔西佗（Tacito）的记载，日耳曼人在树林中祈祷，凯尔特人、腓尼基人和很多其他的文明也是如此。在古代希腊—罗马文明为主流的地中海地区，神庙的造型就像一座树林：那些巨大的圆柱就像树干，庙宇的屋顶则像树冠构成的穹顶。在不同的历史时期，郁郁葱葱的树林一直以神圣的形象真实存在，它被人们赋予自然的神圣力量——繁茂、蓬勃、充满未知，它是原始自然界的核心，象征着力量与神秘，尤其常有“给予”“滋养”的意义。在这些象征意义的基础上，它就与恢复健康关系密切。在森林中进行祭拜的形式早已有之，一直持续到中世纪早期之后。其中，位于罗马北部的费罗尼亚女神的卢戈斯遗址是萨宾文明中象征繁衍和疗愈的女神祭所，对当时的人来说这里非常神圣，直到今天还能在那里找到很多古罗马时期的许愿物，而留下这些许愿物的，不仅有古罗马人，还有野蛮人和异域人。甚至到了古罗马帝国晚期，彼时正值宇宙理性主义和犬儒主义文化的巅峰期，在帝国首都中心修建宏伟壮丽的戴克里先浴场时，出于敬畏，人们保留了先前就存在的一片神圣的树林。在如此宏大的建筑工程、高水平的人类杰作中，人们仍然认为，遵守大自然的规律非常重要，要用一定的方式保证人类与大自然之间的关联，因为是大自然用仁爱的力量赋予了万物生存的可能，这从由浴场改建的天使圣母大教堂的小修道院中的祈愿碑的碑文可推知一二。

在古希腊神话中，自然的生命力以千变万化的形态来呈现，在偏僻的原始树林中隐居的半人马族便是其中之一。半人马族属于原始种族，他们的行为比较冲动、任性，因为他们一半是动物，一半是人；不过，有一位叫喀戎的半人马，是最有智慧的，他是一个妙手神医，将自己的医术传播给人类。后来，在这些学会了医术的人类中，有许多都成了英雄。显然，医疗与深藏于大自然深处的某物相关联，一定程度上也与大自然的美景相关联。德尔菲神殿就建立在一个美得令人窒息的地方，这里是祭祀平衡与和谐、健康与医疗之神阿波罗的最主要神殿之一。还有矗立在苍翠中的阿斯克勒庇俄斯神殿，这里视野开阔，泉水汩汩，空气清新，人们在这里祭祀古希腊神话中的医神。由此可见，早在古希腊时期，人们就已经形成了环境疗愈的理念，可直到今天才再次出现在人们的专业学术论文和零星的建筑设计作品中。有特色的环境开始变得越来越重要，自然和欣赏美景也成了帮助疗愈的一种手段。后续，在西方，修道院和隐修院似乎也开始借鉴这种理念，尤其是那些相对更古老的理念。显然，在当时，人们认为环境审美能帮助人们达到内心平和的宗教境界。

在翻天覆地的当代，一个世纪以来，对城市规划专家、市政管理者以及普通市民来说，树木和自然环境在健康生活中所起的重要作用已经十分明确。任何一座被认为“时尚”的城市都应该绿荫环绕，就连社会的先进性都显得没那么重要了。到了19世纪晚期，名门望族纷纷将防御工事中的堡垒充公，改建成景点、公园，这些建筑得到了很好的修缮，许多观光者慕名而来，在那一时期的画作中亦可略见一斑。而在新建的居住区中，那些能代表最高发展水平的城市，都是“花园城市”。

在人类文明发展的历程中，自然与生活，自然、健康与疗愈，以及自然与医学之间的联系一次又一次地得到凸显。

这样的思想有着悠久的历史和丰富的内涵——我们可以在很多文献中读到权威的表述。同时，我们也能体味到人类面对自然时饱含的深厚情感，因为人类正是在自然中生存，在自然中繁衍，树木环绕着我们，它们是天神派来的卫士，在我们这些渺小的生灵周围，它们不眠不休、日日夜夜地守望着。通过这些思想，人们在有意无意间也表达了对人与自然之间关系的理解：人类会从这种联结中得到实实在在的好处，从肉体到精神、到心灵……乃至社会。几百年来的经验告诉我们，有一些地方更宜居、更有益身心，我们应该多待在那样的地方。这无疑让我们营建了不少舒适的居住环境，有着更优质的食物和更好的居所，但是其中也存在很多不易控制的因素，比如气候、空气质量、水质、生物多样性等，它们属于我们所说的“地域生态系统”。用古人的话讲：在树木间，在花园中，蕴藏着大自然的生命力量，人应当与之和谐共生，也就应当回归生命的本源，参与到这生生不息的循环中去。虽然这只是象征性的说法，但也有其实际意义。

问题的另一面："理想化"的大自然

从不同的角度来看，人与大自然的关系会产生不同的观点，尤其是当"人与大自然应截然分开"的观点遭到压倒性的反对时。我们需要注意将自然和野性过于"理想化"的倾向，在西方文化中，这种倾向早已有之。或许，从一定意义上讲，这也是"失乐园"的一种极端化体现。把树木和大自然想象成绝对善良、正确、纯净、疗愈的，是一种古典时期看事物的浪漫主义观点（事实上自文艺复兴时期甚至更早的时候，这种观点就已经存在了），这种观点认为，所有的病痛都是因为人与大自然分离而造成的。人们发自内心地渴求与大自然保持紧密的联系，要是从这个层面上去理解，那么上述观点可能也没什么错。不过这种观点很容易被从字面上理解，然后就有了一个"理想化"的大自然——人要好好活着就离不了大自然的恩典，人们健康的体魄和良好的生活状态全仰赖它，这个充满和谐的人间天堂正等着人们回归。农夫的生活多幸福，啊，可他身在福中不知福——维吉尔的诗中如是说。托尔金笔下的霍比特人是一群可爱的乡下人，虽然行为举止有些粗线条，但是他们的生活遵循着大地的规律，而这其中暗藏着他们的智慧。“野性”是一种单纯和善良，因为这种特性更接近自然原始的状态，就好像小孩子一样；而在这样的观点下，“文明”也就成了有害的东西，会导致阶级分层、人心腐败。

一些人认为树木、树林，以及天人合一的关系是绝对美好、值得憧憬的，而这样的思想很明显是失真、致误视角下的产物。这是一种现代都市非自然的视角，通常与真相相悖，与乡村、野生自然环境的实际生存情况完全不同。将一件事物理想化，本质上与将其妖魔化区别不大：过犹不及。“自然”的生存方式同样可能非常艰苦、残酷、惨淡，跟上述观点为我们描述的理想画面天差地别，人与自然（大地、禽兽和树木）的关系也可能远远没有那般美好。原始神话和民间传说常常流露出对自然之力大加赞颂和感恩，其实这些故事和歌谣的创作者，多数生活得都没有我们以为的那么田园牧歌，甚至可能与我们想象的大相径庭，他们描述的世界与他们生活的世界也大相径庭。其中的一个典型的例子就是农夫，农夫其实不怎么喜欢树木，因为树木不能直接为人所用，他也不太希望自己的农田附近有树，其中以地中海地区的农夫尤甚。早从新石器时代开始，在种植—饲养者和狩猎—采摘者之间对待自然的态度就已经产生了分歧，因为种植者要照顾他们的庄稼，饲养者需要牧草饲养他们的牲口，而狩猎者和采摘者则需要在有更多树木和野生动物的区域活动。

可以说，对自然的理想化说明一个人远离了或正在远离大自然。也许这导致的结果首先就是，他不再知道人与自然之间真正的联结究竟是什么样的了，而相较之下，捏造一幅失真和理想的画面就容易多了。另一方面，由于离开大自然太久，人们越发感觉到内心中某种东西缺失了，这种东西很重要，它曾经被赋予我们，却神不知鬼不觉地溜走了。那么，理想化也许就是对这种情感无意识的表达，只不过表达得有些笨拙、夸张、失之偏颇，当然，反过来说，也是因为这种真实的缺失感。由于现代人的敏感，这种表达看上去显得有些荒谬、不切实际，其程度丝毫不逊于古罗马时期的卢戈斯祭所，不逊于“极乐园”，不逊于知善恶树。不过，只要对这种表达的理解不过分流于表面，不要光看其中呼吁我们回归野性、回归自然和纯净的部分（因为其中描述的、预言的，从来就没有存在过），还是能从这种“理想化”中得到一些启示，比如我们应努力修复和保持与大自然及其各个元素——树木、动植物的必要联系。

这是一种由生存必要性产生的愿景，同时，也是因为我们明白，失去与大自然的联系，我们的生活会变糟，而且会丧失内心某种重要的东西。

另外，如果说极端的理想化有误导性和危险性，那么与之相反的另一个极端当然也是行不通的。要是为了不理想化而简单地走向另一个极端，把看似不合理的东西统统否定，拘泥于眼前实实在在存在的东西，简单粗暴地看待一切。用这样的眼光去看世界，好多东西立刻就会变得索然无味，更有甚者，会变得残缺不全。这就沦为化约主义的观点，为了能够将某个复杂现象归于具有唯一性的成因，或做出排他性的解释，有时候研究者会否认这个问题本身其复杂性背后丰富的内涵，偏执地要追索一概而论的结论，往往会导致谬以千里。

人类当然与大自然息息相关。当一个人偶然间走进一座花园或者一座城中公园，眼前焕然一新的环境会触发一系列交互作用、感觉系统，以及身体和精神活动。至少有那么一刻，身体会放松，全身心获得一种和谐、平静之感。这时，这个人与他周围的环境就玩起了行动与反应的游戏，将感知力、行动力、输入性全部调动起来。生命的力量在每个人的眼前展现，不同的只是选择什么样的方式去描述它。伊甸园、树木的神化，甚至那些不切实际的理想化，都是象征性的表达方式，是现实中具体现象的超抽象化意象。不要只从字面上去理解就好了，要看它背后所指的究竟是什么，而要弄清楚这个，就需要我们使用新的参照模型、术语，比如：实验、数据、基因、激素、神经科学、生理参数。

当下的矛盾

不管怎么说，人类与树木、自然之间的关系当下正处于难有定论、充满矛盾的状态中。

一方面，一个善意的、美好的、重要的，同时又很脆弱的、需要人类保护的大自然形象早已在人们头脑中留下了根深蒂固的印象。谢天谢地，这当然要算好事。因为这能让更多人意识到环境问题，了解由于人类行为造成的环境污染、生态系统遭受破坏以致失衡。学校里、报纸上、电视节目中，人们都在谈论森林火灾、旱灾、全球变暖、动物濒危等话题。这些展现出人们对生态问题的责任心，领导者的政治善举——市长们、部长们栽树的时候都会拍照片。从潮湿的推车到日常生活，一切都是天然的、环保的或有机的（或者假装是这样）。人们担心集约化农业、杀虫剂和食品添加剂等带来危害。我们正处于疗法大爆炸的时代，各种各样的疗法不断涌现，从确实有效的补充疗法到虚张声势的忽悠疗法，再到危险的庸医骗术。冥想术，近似于探索自身能量的健身术流行起来。不过，几乎所有疗法都会或明或暗地奉劝人们找寻遗失的自然天性。

当然，名正言顺地将一切归于商业利益，已经蔚然成风。虽然“天然”“环保”这些字眼听起来很酷，但已经成了最好的营销手段。不过，这种想要追求自然的动力和渴望，不管这其中的“自然”究竟是真实的，还是带有犬儒主义色彩——可以理解为对不明白某种缺失物、流逝物究竟是什么而作出的反应（当然，有时是空想、致误甚或有害的）。这些营销方式和风气之所以为人们所接受，是因为陷入了其他事物造成的环境。无论如何，从来没有一个时代像现在这样，自然、动物、树木和植物，以各种各样的形式，悄悄地进入人们的思想里，成为每一个人都忧心的问题。就连买东西的时候，尤其是选购小轿车或 SUV 运动型多用途汽车的时候，人们也会对此做一定的考虑，希望选购的车型能载着自己回归充满未知的大自然，探索野生自然环境。

不过，这些想法和意识一般都会被证明是不太靠谱的，因为它们只是流于表面。或者说，在天然—生态—环保主义和真正以身作则之间存在一种矛盾。一个环保主义者可能是很诚恳的，但其环保意识仍很浮浅、片面，一旦付诸行动，在更深入、更个人化的层面上，就表现出两手一摊的无能为力。比如，我知道保护海洋，人人有责，在去海滩的时候也会注意海滩是否干净；可是面对造成海洋污染的产品，我仍然照买不误，如塑料瓶装矿泉水，我还是会经常使用一次性的盘子和杯子。全球变暖是个大问题，但我还是会一个人开车去不远处的一个报亭，而且会将空调开到最大，或者我还会购买耗能高的电器。一个对亚马孙雨林了如指掌的孩子，可能连家附近的公园都没有自由自在地探索过，他午餐时擦过嘴随手扔在地上的纸，最后去了哪里，他的妈妈对此也视而不见。

总之，这些我们纸上谈兵都很厉害，却很难时时刻刻做到位，很难从自身做到位。在明确哪些做法有利于自然环保、哪些做法不利于自然环保时，也存在相同的问题（比如垃圾分类、避免使用塑料袋、积极植树、坚持步行）。不过，还有一个方面也非常重要，那就是明确大自然有哪些利于我们和不利于我们的做法。人类对自然做了很多事，其中好坏都有，这不难理解，毕竟我们人类一直有以自我为中心的倾向；但要记住的是，人类影响环境的同时，也在被环境影响，一直如此。而这恰恰是我们经常忽视的一点。

存疑的关系

今天，关于自然和环境保护的理念已经在我们的文明中生根，但是很多人对此仍然理解得很肤浅，没有深化，也没有建立切身联系。这些人也不在乎能让他们与自然建立天然、真实的联结究竟是什么，藏在表象下的本质究竟是什么。所以，我们在扭曲人与自然的关系的过程中是否也掺了一脚呢？答案似乎是肯定的。

在典型的西方文化中，人与自然被看作截然分开的两个概念。人类置身万物之外，有时甚至置身万物之上。从亚当的时代，人类被赶出伊甸园，似乎就正式宣告与大自然一刀两断。这是一种普遍的模式，它令人类成了演员或观众，反正与自己周遭的环境总是分开的，而这个环境，人类认为自己是有主宰它的权力的[1]，这是神赐予的权力，因为神选定了人类，所以人类高于万物。与此相反，在其他文化，尤其是在东方文化中，万物和谐共生，人与自然在辽阔的天地间同呼吸、共命运，彼此间既没有隔阂也没

1 很多人都这么认为。教皇方济各在最新的通谕《赞美你》中，不止一次地明确重申人类对照料、保护大自然的义务责无旁贷，因为人类有对自然的统治权。无论如何，西方思想中人与自然的隔阂始终存在：人类在这边，自然在那边。

有冲突。不过，事实上这也没妨碍人们对环境做坏事，但东方人对人与自然之间关系的理解与西方人不同：人与自然相辅相成，互相影响。仅仅是注视一棵树，都可能会改变自己的一生。在不同的东方哲学中，自然冥想能让身心得到净化，在瑜伽的修炼和很多禅修中，人们都会这样做。

然而，尽管东西方存在这种理念上的差别，但在西方思想中，人类也在很长时间里保持着与大自然藕断丝连的关系，保留着让世界维持原貌的习惯，让大自然成为自己内心深处不可分割的一部分。仅在几百年前，世界上大部分人还住在乡村中，科技在人们的生活中也没有如今这么重要的地位。即便是在城里，从事非农业行业的人，与非人类居住区的地方都保持着密切的联系，其中原因多样。有的因为市中心太小了，而近郊的乡村或自然区域的空间更广阔，或为了畜牧更便捷，通常会从“自家”农场开始……大自然的节奏、过程、现象与生活在城市中的人的日常生活息息相关，人们多少都对此有所了解，而且这一切也融入了人们的生活方式、语言和思维方式。

如今，情况已经发生了根本性的变化。全世界都处于城市化进程中，这不仅影响着地缘政治和经济，也影响着气候和环境，而且这个进程还在不断加速。十年前以农业为生的人，大概只能勉强糊口，如今也迁居到城市里来了；城市变成了都市，拥挤地居住着上千万的居民。随之而来的是这些人的生活、饮食和思维方式天翻地覆的变化，导致其在社会和文化层面也受到了更深入的影响。同时，自然环境也在遭到蚕食，不断恶化，或者由于这样那样的原因而变得难以走近。人类与大自然的距离不断被拉开，其间联系仿若游丝，从人的世界通向自然界的道路变得曲折、迂回、逼仄。隔阂不断加深，最终变成沟壑。人与自然彻底一分为二。

此外还有一个需要考虑的因素，那就是科技和信息的洪流也冲击着现代人的生活。工业化狂风掀起的第一片涟漪如今已经变成了滔天巨浪，正以迅雷不及掩耳之势席卷而来，给很多领域带来了惊人且不容小觑的进步。不过它还有不为人知的一面，更“阴险”的一面，它的发展是以无可挽回的疏离为前提的。这种疏离不仅限于人类和他的同胞，更是人类和所身处的环境——喜马拉雅山在谷歌地球上就能看到，这也许是促使人们亲身前往的动力，但是也向人们灌输了一种概念，那就是不依靠科技，就不可能产生体验；有了这种概念，人们会觉得，这座喜马拉雅山，自己终究是不怎么感兴趣的，而且有了它的科技替身，好像想一睹它的真容也不需要费多大力气。科技在各个方面刷新了我们对“无所不能”的认知。任何事都可以依靠科学和技术来完成，这已经成了非常普遍的潜意识。如果这种意识建立在基本科学原理的基础上，那姑且可视为理性和现实的。如果我对科技进步的方式有所了解，那么我可以对其所取得的成就和蕴含的巨大潜能鼓掌喝彩，但同时也能明白，它具有它的局限。不过，更常见的情况是，这种意识并没有根基，是脱离现实的，因此，对科技无坚不摧的执念就变成了迷信，很容易陷入万能科技的幻想泥沼。这也成了令人不再反思的借口——我是人类，我无所不能，要是大自然疏远了我，或者毁于我手，我完全能够弥补，或者干脆发明个什么东西替代它，甚至超越它。[2] 对这些问题以视而不见作为回敬——这件事我根本不屑一顾，事不关己，高高挂起。

于是，人和自然的关系被扭曲了。关系的残余只剩下一条单行道：为我所用，为我所使，为我所变。我，最后，会修复的。自然很遥远，环境只是可消耗的好东西。它对我来说，已经变了。

“环境性色盲”的一种？

这种关系的扭曲可能导致一种奇怪的现象，这种现象影响了如今我们看待树木、绿植、公园、花园，以及整个大自然的方式，这可以说成是“环境性色盲”。这是一种盲，一种头脑中的刻板印象，这种盲使我们惯于忽视、弱化，或者甚至诋毁自然元素、自然现象以及自然对我们的影响。即便在经验面前、在普遍的善

---

2 有一个例子，就是蜜蜂在世界范围内无征兆地大量死亡，这首先会对农业造成重创，但受影响的绝不仅限于农业。有人就表现出对万能科技的盲目自信，认为这不算什么问题，我们可以用一大堆小型传粉机器人来替代蜜蜂，而对可能带来的经济和社会影响丝毫不作考虑（这样做可能会让中小型规模的农业生产者无法继续从事农业，从而将农业生产的大权完全交给大型跨国公司），他们也不会考虑与我们更息息相关的生态和公共卫生问题：如果蜜蜂大量死亡是因为受到化学药物和杀虫剂的侵害，那么我们当然也会受到侵害。

意面前，甚或在铁一般的证据面前，仍是这样。就好像是有人在我们眼前放置了一面透镜，它会改变物体的形状，会让物体变形，会让物体蒙上假象，除非我们不再将它看在眼里，而是变成了背景，作为背景也许还好一些，但是也变得了无生气，不会对周边再构成影响。所以，一方面，我们将与自然的关系理想化，希望与之重新建立紧密的联系；另一方面，我们又试图对其视而不见。

很显然，比如，我们都认为应该尽量让孩子到户外做游戏，而且也认为到公园散步能够让人精神舒朗，心情轻松。可想而知，周围的环境会对我们的感受和状态产生影响。我们身处有树的地方、在公园里或在高速公路上，在幽闭的空间里待一整天或在花园里度过两个小时，我们呼吸的空气是否新鲜、喝的水是否纯净、吃的食物是否营养、耳边是喧嚣还是宁静，对我们来说都会产生不同的影响，这些因素都很重要，这一点不言而喻。尤其是今时今日，在这个“天然/生态”的时代，所有人都有目共睹。

这本就是事实。大家都应该知道这一点，都应该承认这一点，而且应该以此为前提进行活动。可事实上，就好像有一张奇怪的、无形的大筛网，人们大谈特谈环境和生态问题，却同时悄悄将这一切变得好像玩笑，大事化小、小事化了，谁要是把它们看得很严重，那才叫大惊小怪、小题大做呢。其中以对最贴近生活的自然环境的态度尤甚——全球变暖的环境问题和亚马孙雨林的生态状况固然亟待反思，但是乱砍滥伐、将社区公园夷为平地改为停车场，这些问题却根本无法引起人们的关注。这都是细枝末节上的小事。大家眼不见心不烦，根本不值一提；大家也不敢发出头脑中那个支持反对意见的声音，即便到头来，公园才是整个社区里对大家的生活影响最大的地方。

且慢，容我们好好想一想。

我正在一座图书馆中写下这篇文章，图书馆就在我居住的城市。图书馆的阅览室紧临熙攘的街道。现在是夏季，窗子都开着，外面的嘈杂声不绝于耳，然而坐满阅览室的几十名读者和学生好像丝毫没受影响。但是毫无疑问，环境会对他们造成潜在的危害。持续的强烈噪声，最明显的例子就是来往车辆的声音对身体有害，这众所周知；再想想空气质量，这么多汽车排放的尾气从窗户进入室内，可能会引发更严重的问题。总之，这些环境因素都会导致我们的身体处于十分紧张的状态，令我们难以集中注意力，从而需要耗费更多的精力去学习、记忆、理解——这不会是此刻置身图书馆的人来此的目的，当然也包括来此写作的人。

这些都是对健康有害的因素。

事实上，我们这些身处阅览室的读者都暴露在一连串非常明显的有害因素之中（就像这座嘈杂肮脏的城市中的大部分人一样），而这本来是不应该的。但是，极少有人会想去反抗，去向图书馆要求更好的阅读环境（比如，图书馆可以考虑将阅览室安排在不临街的一侧，现在那一侧放置着一排排的书架），或者至少也可以向市政部门投诉，他们对减轻交通压力毫无作为，还准许推倒了成行的林荫，那林荫本来可以让一切没那么糟。

这时候，就出现了我们之前说的那张大筛网——否定问题（怎么会这样?！），弱化现实（是，确实有点儿烦，但是这也没办法，真正的问题不在这儿，而在别处），人们看惯了不健康和有害的因素，最后就把这些事情看成了正常现象。结果最后人们再也不觉得注意力不集中、易怒、糊涂等这些问题很重要了，而是本末倒置，只做表面文章。然后，人们病了。

当然，我们说的只不过是普遍的现象。而且图书馆至少是个文化场所，问题相对还没那么严重。诚然，居住在城市里的人不得不重视污染、噪声、交通及绿化减少等问题，而且亟待解决的问题着实不少。不过，有一些问题是完全可以改善或避免的——只不过首先得承认它们是问题。“环境性色盲”和扭曲的关系总让我们觉得自己无能为力——我们似乎无法对大自然及其中的元素和现象给予足够的重视，无法不让人们仅仅把它们看作只能用来使用和消耗的无生命物。这样一来，我们也就无法理解我们的生活，反过来还会受它们的影响。

结果是只分析情况和提出解决方案都不足以解决问题，首先要意识到它们是问题。

大事化小的筛网同样也作用于我们对绿色植物和大自然的积极体验上。很多人都觉得在公园里散散步会感觉不错，还有一些人更幸运，他们可以到山中度假。但是又有多少人真的明白，在“舒适”“健康”“林荫漫步”，甚至“在日常路线中临时起意去小花园里转转”之间，到底有多么实在和直接的联系？好像一说到自然、环境、绿荫，人们反而会觉得这是不紧迫、不严重的事情，这与任何真正的要紧事都没什么直接关系，也对个人和国家经济状况无足轻重。树木和环境，这些都是“非必选项”，都是给那些闲得没事做的人准备的奢侈享受。对普通人来说，总有更重要的事要考虑。

可事实恰恰相反，这正是我们面临的最重要、最紧迫、最严峻的事。对环境因素给予恰当[3]的重视，看待和衡量事物的时候将环境因素纳入考虑，这很重要。消除偏见，重建与自然之间的深层关系，与大自然重修旧好，这都是迫在眉睫的事。为了个体，但不只是为了个体。当有全球性事件发生时，无论是政治界的发声，还是媒体和舆论的解读，都暴露出了不考虑环境因素、弱化环境对人的影响问题。比如（不仅限于）中东地区的内战爆发时，在相关的政治分析和新闻报道中，我们一般都会读到或听到责任、人道救援、幕后支持者等字眼儿。但是却极少听到其中环境因素在扮演什么样的角色。当然有很多原因导致了当时复杂的政治局势和社会环境，但是战后那里却遭遇了一连二十年的干旱，供水紧缺，农田被毁，农业政策制定失当，这一切共同造成了当地的社会动荡，其后果时至今日我们有目共睹。

---

3 这里之所以要用“恰当”一词，是因为存在矫枉过正的情况——对自然环境的过度捍卫同样是我们与自然之间关系扭曲、不现实的表现。

舒适即自然

在人与自然关系的恶化过程中，我们也起了推波助澜的作用。出于一些很复杂的原因，现代西方人与自然的联系越来越弱、越来越被忽略、越来越不直接，人们对自然的印象也越来越抽象、越来越遥远。

其原因就是所谓的“环境性色盲”——这种无意识的偏见会迫使我们有局限地看待真实现象和自然事物。我们更容易把自然界的植物看成不会动的东西，看成一种背景，或许我们会觉得它很美，很适合漫步其间，但是我们却不知道它真的会作用于我们，会对我们的生活产生影响。我们忽略了它，以为其中的生命体从结构上早已与我们相去甚远，或者远远不如我们。

这种思想具有其局限性，而且会暴露出危险的一面。因为这意味着我们无法对生活中起着关键作用的因素给予必要的关注。

人们把自然看成是蕴藏着万物诞生、繁衍、疗愈之力的地方，那个认为自然具有神性、将自然奉为神灵的古老观念又卷土重来了。虽然是用现代、实用主义的解读方式，可是将作为整体的自然拆解开来，只看它非理性、非现代、非科学的方面，难道不荒谬吗？或者说，这种将大自然看成无逻辑、非理性、超自然的存在的想法，不就是从根深蒂固的偏见和日积月累的文化混乱中来的吗？而这日积月累的文化混乱中，当然也包括与自然的失联。

就连这种观念具有的象征意义及经验主义直觉都变得令我们

难以接受。人们只停留在事情的表象上，即便有人研究了其中象征性和神话性的部分，也只不过是研究了皮毛。什么叫作“生命之力”，自然到底有什么用，神圣树林和我们今天的生活究竟有什么联系？我们摸不着头脑。这是个美丽的故事，是我们祖先的信仰，而我们可爱的祖先，还尚未开化，十分原始[4]。或许这是一种隐喻，我明白，其中当然充满美好和诗意。但是隐喻的所指究竟是什么，这仍然十分模糊。因此它的喻义也就同样模糊不清。

同样的问题也存在于像伊甸园、极乐园这样的花园中，这些花园里里外外都极其和谐美好，超越现实。于树木也一样。树木是天地的象征，代表着生命创造和繁衍的力量，无论是作为个体，还是整个神圣树林。这种对树木和花园的看法可以理解为一种比喻，是对复杂现实的象征性表达，是人类凭借经验、感性和直觉产生的想象，因此对人类来说这种比喻有着十分幽深的意味。如果要用正常的眼光去看，这根本无法与理性和科学的观点相提并论，但是它们却能互补，因为这些比喻和象征性的表达是一幅幅没有线条的地图，在人类一代又一代的繁衍更迭中记录下我们的体验。这些地图能为我们指引方向。

如果没能对其中的深意进行反思，忽略了其中的标记，无法洞悉其中的奥秘，那真是莫大的遗憾。其中也涉及树木、花园和

---

4 这个说法的依据是“古人”拥有着超强的直觉，但一定还没有发展出完善的知识和思想体系，这个看法目前是得到公认的，详见卢乔·鲁索，《被遗忘的革命：希腊科学史》，费尔特里内利出版社，米兰，2010.

大自然对我们生活造成的不同程度的影响，比如健康。树木、花园和大自然，对我们的健康大有裨益。

比如繁衍、生殖和生命力的概念，跟疗愈疾病、修复损伤、希望（哪怕通过后代）重焕活力之间有多么密切的关联。从本源上，这两组概念就有着神奇的相似性：一个是“生命力”，另一个是“活力”，而且在其中我们还会发现，“人与树”之间存在着实在密切的联系。

让我们再来看看《创世记》的故事中的“极乐”“和谐”与那座花园之间的联系。其中神学、超自然的方面与我们此处的内容无关，所以不在这里赘述。“和谐”是一种与健康关系很密切的状态，特别是从广义上讲。

说一个人很健康，可以简单地理解为他没有生病，但是从广义上理解，也可以说他各方面都很好，具有与生俱来的潜力，能让他过上积极向上、有所成就的一生。从这个意义上理解，健康就变成了一种手段，而不是目的，这样就更接近“幸福”的字面含义，而不是“幸福”已经与经济、社会挂钩的那个内涵意义。或者说，“舒适”。

要想舒适，就得和谐，而和谐在这里形容的是一种内在的平衡，包括身体、生理、新陈代谢、心理、人际关系、社会交往等方面的平衡。只有达到了这种平衡，人体机能才会运转良好。

总的来说，在这种复杂的平衡中，树木等绿色植物，乃至整个大自然都发挥出了十分重要的影响，而人类的健康正取决于此。

树

树木被理解为自然风景中绿色植物的代表，也代表着人类与自然的关系及联结究竟到怎样的程度。树木，从狭义上理解，就是一棵树。我们看一棵树的时候，视线往往仅停留在它的表面，这也难怪，因为树木的结构本身就已经够让人惊叹了——看不见的根部从大地汲取养料，树干如龙，树冠如云；而这一切都是从一颗干巴巴、不起眼儿的种子里长出来的。当然还有别的，树木是一种生物，有着复杂的生物和生理构造，其中还藏着好多谜题等待人类去解开。树木可以单独生长，也可以与其他树木长成一片。甚至有人发现在树木之间也存在某些社会性，因此一片树林也可以说是一个社群。公园里有树木，花园里也有树木……可这些树木构成的事实上是“被驯化”的大自然，是人类为了让大自然离自己近点儿而造的；人类希望能够“将自己有限而短暂的人生融入无限的大自然中去”。[5]

树上藏着整个宇宙。树木是神话，是历史；它记载着所有爬树的孩子们蹭破皮的膝盖。它是诗。它是一首风与鸟儿合奏的交响曲，是一件艺术品，永恒而无常。它是通天巨柱，是深扎土壤的锚，是天地间的轴心。它是一个构造复杂的生灵，复杂得会令

---

5 马西莫·文图里尼·费里奥罗，《世界是座大花坛——听花园讲历史》，《晚邮报》2016 年 11 月 13 日刊。节日版《观点对谈》（卢加诺）的一篇扩展文章，该刊 2016 年版的主题是“花园”。

我们叹为观止，因为我们对它知之甚少。它是一个地方的回忆，它能见证一个地方百年间发生的变化，而没有一个人类生命能够做到。树木滋养着我们，不单单从食材的意义上；它保护着我们，为我们提供庇荫，不单单从木材的意义上。它照顾着我们，疗愈着我们，不单单看能从其中提取药材的意义上。它让我们感觉舒适，一向如此。

第 1 章

深度依赖

“最新的分析显示，生命和健康条件的基础与大自然中的元素及因素密切相关，但是在现代社会中，这种深度依赖的关系变得不再紧密，中间有着层层阻隔，而且鲜为人知。”

这是 2005 年世界卫生组织发表的一份报告中的一段。[6] 据世界卫生组织估计，全世界有四分之一（约 25%）的疾病由“可变环境因素”决定。而如果将范围缩小到儿童，这个比例会上升到 33%：有三分之一幼儿期发病的疾病与环境有关！当然，“可变环境因素”主要是指环境严重恶化的状况，也就是我们生存的环境中对健康有害的因素——包括较差的卫生条件，空气和水污染……事实上，在这一连串有害的因素中，还包括我们叫作“环

6 世界卫生组织是联合国专门负责健康问题的部门，其责任范围覆盖全世界，观察也放眼全世界。总部设在瑞士日内瓦。OMS：世界卫生组织的意大利文缩写，英文缩写为 WHO。

境贫瘠化”的情况，主要是指对人类有益处、有保护作用或疗愈作用的因素匮乏、短缺或枯竭。

在这些对人类有益处、有保护作用或疗愈作用的因素中，首当其冲的是树木、植物、花园、公园、树林、森林等——总之，就是所有被称为“绿色”的自然元素。这些东西表面上看似乎平平无奇，很容易遭人小觑，而实际上却在关乎人类健康的生态平衡中起着非常重要的作用。在许多科学研究的佐证下，我们正在越来越清楚地勾画与健康息息相关的大自然的模样，这个过程就像将一块块拼图拼起来形成一个完整画面的过程差不多。

首要认识

让我们先来了解两项时间比较近且具有一定说明意义的研究。第一项研究是在英国进行的，该研究估测了在较大和较小程度接触自然环境及“绿色”环境的情况下，健康状态分别会受到多大的影响，并分析了全民健康数据（社会和经济方面的差别性亦给予了必要考虑）。那么结论如何呢？“绿色”因素与总体死亡率成反比，简言之，就是说人生活在环境中有较多树木、植物和“自然环境”的情况下，较少发生死亡。尤以对因心脏问题以及社交方面问题发生的死亡的影响最为明显。

另一项研究是由一支荷兰科研团队进行的，经过多年的缜密研究，采集了大量人口样本，最终形成结论。研究目标跟前一项大同小异——评估参与者的身心健康与生活环境和生活习惯中“绿色”成分的关系，特别是城市人口。最终的研究结果一步步印证了最初的假设：平日里居住和生活在有更多“自然”元素的小区中，人们从主观上就会对舒适有更强的感受力，而从客观上，数据表明这样的小区中居住人口的患病率较低。而且，跟前一项研究的结论不谋而合的是，其中心脏病的发病率差别尤为明显，此外还有呼吸系统疾病与抑郁和焦虑等心理问题的发生率也明显较低。这项研究也揭示了“绿色”的积极作用，尤其是对社会地位和经济地位相对处于弱势的人群来说更是如此，其中也包括儿童。

儿童？很好。可惜的是，意大利乃至整个欧洲都处于老龄化进程。所以，我们需要知道，在现有的条件下步入老年，将会是怎样一幅图景。让我们先把目光移向日本，那里也是一个城市老年人口密度较大的国度。一项研究表明，在中心城区居住的老年人，其存活率与居住地附近可散步的绿色或自然区域有着直接关联——花园、公园……这样的环境会提高生活舒适度，而生活舒适指数是衡量身心健康的重要依据。

说回到儿童，在纽约开展的一项阶段性研究结果显示，在城区街道两旁种植树木会让儿童幼年时期哮喘发病率降低，这个结果令一些人感到惊讶。究竟为什么呢？那花粉又是怎么回事儿？

关于这件事情，一部令人信服的科学专著已经尝试为我们进行了初步说明。一群各学科（社会学、药学、建筑学、城市学……）的专家分别在不同国家进行了一系列研究，研究方法各异、研究对象的特点各异（年轻人、老年人、妇女、男人、儿童、郊区居民、城区居民、贫民区居民……），尽管研究方式各异，但是研究的结果全部指向一点：人们生活中树木、绿色和“自然”的多少与人们的生活方式、生活状态、患病种类、死亡原因等方面息息相关。这些研究的方式都能够保证科学性和严谨性，也就是说，研究结果确凿且足以说明问题——“自然因素”在人类健康的平衡机制中，起着不可或缺的作用。这是一种有益人类身心、为人类提供庇护的作用，甚至在某种程度上可以说对人类具有治疗作用。

树木与疗愈：人与自然联系古已有之的实验证据

“你若想体验一钟头的幸福，就用一瓶好酒把自己灌醉……而你若想享受一辈子的幸福，那就去打造一座花园。”著名的设计师、建筑师卡洛·斯卡帕（Carlo Scarpa）如是说。[7] 如果说有一些文学说法不太严谨，不足全信，可大概从十几年前起，科学界的相关研究也开始不断涌现，虽然从研究方法和研究出发点上

---

7 引自保罗·孔蒂的文章《打造一座花园，让生活更美好》，《晚邮报·文学版》2013年8月18日刊。

看有些参差不齐，但是在研究课题上却异曲同工——它们的研究对象都是树木、“绿色”或“自然”因素在人的健康和舒适感方面究竟会产生多大的影响，这种影响究竟是普遍性的，还是在某些特殊方面表现得更明显。最初，这样的研究不像那些受大学资助的传统学术研究，而是更边缘化，参与研究的科学家来自很多不同的领域（从城市学家到人类学家，乃至医学、心理学、人类工程学、社会学，以及新近加入的神经科学）。[8] 随着相关研究不断增多，研究逐渐变得更加系统，研究方法越来越严谨、规范，大家得出的结论也开始慢慢趋同——在不同的学科背景下、以不同的论点、在世界上不同的地方进行的科学研究，最终却指向了相同的方向，这个现象具有重大的意义。这是我们前面讲过的拼图中的新的一块，让我们得以对整个问题形成更丰富、更准确的认识。

在早期的先锋研究中，最有名的研究之一出现在1984年，罗杰·S. 乌尔里希（Roger S. Ulrich）教授发表了一篇文章，正是这篇文章开启了新的时代。他通过简洁有效的研究方法，揭示了树木和绿色元素对健康和康复过程会产生多大程度的影响。研究者选取了一些正在住院治疗的患者，他们在相同的日常医疗条件下、在同一家医疗机构、接受同样的医疗团队治疗，不同的是他们的病房朝向，研究人员按照病房朝向对这些患者进行分组比对。

8 如今情况有所改观，这些论题已经开始得到越来越多的关注。

实验结果显示，那些房间朝向花园的患者术后康复的效果明显较好。也就是说，相较于那些同样条件下病房朝向停车场或天井的患者来说，病房窗外能看到树木和绿植的患者恢复得更快，并发症的发生率更低，使用抗生素的必要性也更少，康复过程更迅速、稳定。当人们为了在医疗场所周边开辟停车场或修建新部件、新建筑而破坏绿植空间时，上述因素很值得人们考虑——或许有更多停车场、新部件、新建筑确实不错，但是仍须保证一定的绿植空间。一些医疗机构的运营者或许觉得有更多的停车空间、新部件、新建筑，能帮机构满足更多实际需求、带来更多收益，但事实上这会带来损失，因为患者看着窗外停满车辆的停车场，反而需要更多时间来康复，从而更长久地占据着床位。值得一提的是，如今在新医院的建设上，人们已经开始越来越多地引入和借鉴这类理念，比如景观疗愈（如下所述）。

乌尔里希教授的研究结果揭示了一个问题：我们周遭的环境因素——尤其是自然因素，对我们的健康所带来的影响是可测知的。如果仅仅在一段时间内看看树木和“绿色”就能为康复患者的愈后带来好的影响，那我们更要弄清楚，日常生活中有像公园这样的自然景观、居住环境中有更多绿色植物，或者在办公区中有树木花草，会给健康的人带来什么样的影响。

乌尔里希教授用科学的方法验证了“自然因素”在康复过程中所起到的作用，他的研究在我们这个时代开了相关领域的先河。这是一种很见效的方法——或者说它是一种疗法也不为过——这种疗法古已有之。如前所述，古希腊供奉医疗之神的阿斯克勒庇俄斯神庙都建在自然环境中，周围的景色尤为优美——这已堪称一种疗愈景观，如此自然和谐的环境与古希腊神话中的医疗之神建立了紧密的联系——这医疗之神正是阿波罗的儿子阿斯克勒庇俄斯。在阿斯克勒庇俄斯神庙中，人们除了进行宗教活动以外，还会进行一些医疗活动，虽然只是经验主义的医术，但在当时已属先进，在此处进行的医疗活动中就包括景观疗愈法，借助环境来辅助治疗，帮助康复。就连有着西方“医学之父”之誉的希波克拉底，在保健养生或诊疗病患时也十分重视运用我们今天所说的“环境因素”[9]。

到了中世纪，寺庙和修道院也负责疗愈病患，因为僧人和修士们受宗教教义的感召，要行善事，为病人们提供医疗救助，寺庙和修道院也成了当时仅有的医疗场所，在这些场所中，有很多草药园，其中栽培着药用植物——“药草”，也种着食用香料和装饰性植物，而这些装饰性植物并没有药用价值，却对病患的疗愈起到了非常好的作用。这种理念一直沿用了几百年，直到 19 世纪，在各种卫生医疗领域仍在使用，几乎所有的康复中心都建在花园中间，因为这样的环境有益健康，能让康复过程平稳、有效地进行（可以说这是那时候的“自然疗效”），比如散步辅助疗法，以及其他与自然因素相关的疗法。这些疗

9　此处据希波克拉底的《箴言》，传统上人们认为这是希波克拉底的著作，也被后继者们——著名的科斯岛医学院的学生们所应用。

法形式多样，在整个疗愈过程中分阶段进行。其中包括克奈圃自然疗法，这是一系列精神疾病的治疗方案，兴起于18世纪美国费城的友谊医院。

树木、绿色和医院

近些年来，越来越多的研究者开始在乌尔里希教授的研究成果的基础上做了更多的尝试，为周遭环境影响生理疾病和精神疾病的病程的理念提供了更多的数据支持。

心肺康复中心是帮助心肺手术后的患者恢复心肺功能的部门，在一家医院的心肺康复中心，医生们按照康复方案，对患者的康复活动进行了跟踪记录。在这些康复活动中，除了在健身房中进行体能的康复治疗外，还包括一种园艺疗法，以及一些讨论会和放映活动。结果显示，患者在进行了园艺活动后，每分钟心率会下降五次，这是在其他活动后所没有发生过的现象，每分钟心率下降五次对这些受试患者是很显著的变化，因为他们平时需要用药才能将心跳维持在一个合理的水平。

在另一家医院、另一种情景下，受试者是一些做过乳腺手术的女患者——乳腺手术会对患者的生理和心理都造成很深的创伤。受试者被随机分为三组，分别接受不同方式的术后康复治疗。结果，在康复期间经常光顾公园和花园的患者，她们能更快地从低落的情绪和神经衰弱的症状中恢复过来，而且身体的康复也受到了积极的影响，生活质量得到相应改善。而那些在室内度过康复期的患者在心理上并没有表现出类似的效果。很多研究都印证了这一良好的效果，其中有一项研究是在儿科医院进行的，受试的小患者和家属都认为一座可自由进出的花园有着很重要的作用——花园可以给心灵带来抚慰和安宁，能让病人和家属在病程中产生的焦虑、悲伤、愤怒、痛苦、疲惫和绝望的负面感受得以减轻。

因此，接触大自然可以让患者更快康复，即便是那些最不起眼儿的接触——比如从窗外看到一棵树，或者在花园里散个步；这样的接触能减轻疾病或住院带来的情绪影响，无论是对患者还是对前来探访的亲友，都能起到平心静气的作用。在研究者的相关记录中，甚至有数据表明，亲近自然能让患者对疼痛的忍耐力得以加强，这是令康复得以加快、使患者生活质量得以改善的因素之一。前面乌尔里希教授的研究中已经提到过这一点——在能看到自然景观的病房里，病人术后对注射镇痛药物的需求较少。另一项研究也同样显示了，对做过甲状腺切除手术或阑尾切除手术的患者来说，绿色植物景观同样可以减少镇痛药物的使用量。在做气管镜（这是一种侵入式的检查，可能引起疼痛，至少会引起强烈的不适感）时，伴随着大自然的声效播映树木、花园和公园的照片也同样有减轻痛苦的作用，虽然效果没有真实的自然环境那么明显——使用了麻药，但是使用剂量要少一些。我们也不要把目光局限在病理学的疼痛或术后的疼痛上，在一项实验心理学的经典研究中，研究者对一些健康的受试者进行致痛操作，当受试者处于有植物的房间里时，其不适感会显著降低，对疼痛的忍耐时间也得到延长；而当受试者处于只摆放着颜色各异、玲珑别致的物品却没有任何生命的房间时，却没有产生相应的效果。

疗愈花园及花园疗法

树木、花园和大自然具有广义上的“疗愈”功能——也就是说，自然因素对我们来说具有积极作用，即便它们并不是专门为了给我们积极影响而设的。不过，确实有一些花园专门为了疗愈目的而设的——在医疗场所，这些绿植区域是精心规划、专门为了辅助减轻患者病痛而设置的。这些花园在不同的情境下发挥着自己的作用，其中包括医院、康复中心、护理院等。

比如，在阿尔兹海默病护理院中，一座可以自由进出的花园能极好地改善病人的日常生活舒适度，帮助他们减少焦虑，唤起记忆，与外界和自己的亲人保持一定的联系，而这多亏了树木和植物的作用（详情参阅第 6 章）。当然，这样一座花园必须能满足医疗场所的要求，植物一定要无害，小径的路线也要简单、安全，让病人在散步时不会发生危险。这样的花园叫作“漫步园”，也就是供人们漫步的花园。在神经疾病的康复治疗中加入花园疗法，对发病病人生理和精神上的康复治疗效果均非常明显。对于住在养老院里但尚具备自理能力的老人来说，花园和公园也有着非常好的作用。任何一点绿色都能起到疗愈作用，专设的疗愈花园更能在疗程中成为非常有用的辅助手段。

就像卡尔洛·斯卡帕说的那样，进行园艺活动是很好的休闲方式——这是一项能修身养性的艺术活动。喜爱侍弄花园的人非常清楚，园艺活动是生活中多么重要的一部分；这项活动能给心灵带来满足、丰盈，令人精神焕发，有益身心健康，让人专注，内心达到平和与平衡。待在户外，亲近树木、植物、土壤，流连于自然美景之中（这很重要，但其重要性常被低估），打造、料理一座花园能让人与那些在不停生长，时刻响应、反馈的生物建立联系，让人在它们身上投入精力。这种“照料”本身就具有广义上的“疗愈”意义；这是现代人的生活方式中稀缺的，却对我们的身心和谐非常重要，就连仅在窗台上种了一棵罗勒的人都对此有所体悟，而这也是若干年前电子宠物“拓麻歌子”和类似产品盛行的原因。

与植物互动、照料植物，会对人起到重要的作用，园艺活动对那些在心理、生理上有严重障碍的人更加具有积极意义，“园艺疗法”通过一系列精准的康复治疗计划，充分发挥这种积极意义，帮助患者更好地康复。这种疗法合理地引导患者进行常规的园艺活动，同时进行有针对性的干预，最终达到治疗目的。园艺疗法可以在特殊的“感官花园”中进行，这是一种针对性更强的疗愈花园——感官花园根据来到这里的不同人群分成不同层面，调动五种感官（生理层面），唤起人类面对自然界、自然生灵时的普遍情感反应（心理层面）；人们会更信任树木和花草，因为植物不会评判，不会威胁，也不会歧视（关系层面）。用这些方法进行的康复治疗十分有效，已经得到了时间的验证；尤其是当常规的治疗手段不太行得通的时候，比如在精神病患者、戒毒康复者、老年患者、智力发育迟缓者，或有严重智力发展障碍患者的病例中。

还有很多其他的心理康复疗法，也是以人与自然的关系为基础的。比如，在很多地方渐受重视的一个临床心理学新兴分支——生态心理学，就是以人与周遭环境的关系为基础，对患者进行诊断，并制定治疗方案。这门学科的一个基本论点认为，现代人的很多心理障碍和不适感实际上都是由其过度远离自然界、远离潜在的治疗方案导致的，归根结底就是由人与自然的失衡关系导致的。人脱离了自然界，结果导致自身承担了巨大的精神压力、罹患疾病，这是脱离自然界的代价。然而，当人与自然界重新建立联系以后，仍然可以重新达到情感上的平和。比如，一位住在欠发达的城市边缘地区的居民，社交压力、肮脏粗劣的大城市，以及绿植区域的稀缺，都会导致其激发和放大内心的负面情绪，即便表面上看起来这种负面情绪似乎是由其他因素引起的。由于自尊心在一个人的情感平衡中占有非常关键的地位，所以这种负面情绪可能导致更多不良行为，并严重危害精神健康，从而形成恶性循环。在这种情况下，生态心理学疗法会安排一系列在公园、树林、花园中进行的活动（或叫作疗愈散步），帮助患者重新建立与自然之间的联系，也同时得以建立与自己内心的联系。

还有一些干预手段，更将纯天然疗愈的概念运用到了极致——“荒野体验”或叫“荒野疗法”，意为“在野生环境中进行的疗愈方式”。这种疗愈方式结合了身体活动的积极作用、由医疗专家主导的团队交际互动，以及自然沉浸体验，既能达到教导目的，又能辅助康复。不同干预方式的疗效大相径庭，其中不但受实施态度是否认真的因素影响，同时还取决于陪同人员的准备是否充分、干预目标定位是否精准等。在很多情况下，人们都会采取这一干预手段，比如少年犯教改、吸毒者戒毒，照顾心理疾病患者或严重抑郁症的患者。在一些案例中，这样的干预手段尤为见效。

另一个研究流派及其干预手段更新颖，应用范围也可能更广，其研究基础建立在一个更前卫的心理学模型上，即所谓“精神疲劳”。它试图在人精神疲劳时利用公园、花园和自然景观等普遍具有的作用，研究人的精神功能。精神疲劳在思虑多的人身上比较易发，很多人在日常生活中也会遇到这样的情况，人们甚至对此习以为常——在现代人，尤其是都市现代人的生活中，人们总是不得不应对这样那样的要求和催促。在这样的生活模式下，人的精神难免会疲劳，甚至竭尽；这是很多人罹患心理疾病的根源，影响他们的行为，引发了一系列问题，而他们自己甚至都没有察觉。在这一研究中，有一分支将研究对象定为多动症儿童（在很多国家，多动症的发病率都十分堪忧），尝试利用公园、花园和自然环境来对多动症儿童进行行为对抗治疗。下一章会对此作进一步详述。

题外话：一叶障目

浏览科学文献的时候，总有一些东西是常被注意到的。在疾病、残疾、行动障碍的案例中，有一种积极因素得到了科学实验的证明。树木等绿色植物、花园及其他自然元素已经成为生理、心理、社交障碍的治疗和康复过程中能够起到实际作用的因素；在日常生活中，绿色植物的多少总能给人带来不一样的影响，不仅能影响身体健康，还能影响寿命，甚至能影响人何时、以何种方式死亡。很多治疗手段都利用这种因素的有利影响，而在一些年龄段的人群中，这种影响尤为明显，比如儿童。

世界卫生组织认可自然在很大程度上对人类健康起着作用，将其界定为一种“至关重要的相互依存关系”。

不知道我们街区那些把花园改造成停车位的邻居们要少活多少年。

总之，树木、花园及其他自然元素对我们大有裨益。在这裨益背后，是一个错综复杂的世界，其中，人的身体健康的平衡在许许多多细致入微的层面上都靠“自然因素”调理。如果“绿色”对疾病或功能障碍的治疗和康复过程能起到如此重要的作用，那么在日常生活中，这些因素对我们的健康又能起到多大的预防和保护作用呢？

大自然和新鲜的空气对我们的健康有好处，这众所周知。但是，人们应该进行进一步的探讨，尤其是那些实质性的决策和规划。

“只要我们愿意，总会有一棵树的地方吧。”树木专家和园林大师佛朗哥・迪琴布里诺这样说，他曾在梅拉诺市园林局担任了二十年的局长，“可是好像什么都比树木重要：街道、建筑、地上地下的各种设施……”毁掉一座花园，就为了一个停车场？人们总会给这种做法找到各种借口，首要原因就是这能让更多人有工作……现如今，工作太重要了，我们一致赞成，可是跟任何一座长期需要维护人员的花园（小花园、小苗圃、花土园……）比起来，自动化程度很高的立体停车场到底能多需要多少人手呢？人们为什么不多想想，街坊四邻的患病率是否增高了——尤其是那些住在街区里的孩子和体弱的人。如果多数人都不赞同这种对珍贵事物的破坏，那为什么要为了少数人的利益而被动接受呢？要是这些人把下水道堵了，那可能会引起一番混乱，可是并没有记录显示他们因为破坏植被引起过什么混乱，尤其是在城市里。

还想看看人们对此熟视无睹的其他例证吗？很多人都认为城

里的树木很“脏”，它们不仅占了停车的地方，还招麻雀和乌鸦，叽叽喳喳的，“讨厌极了”（这都是从实际采访或报刊文章中摘录的原话），而一说到为什么要在城里种树，这些树木会带来哪些好处，人们就全闭嘴了，至于树木之美就更不提了。

“环保”这个词，会让人们联想到周末车辆限行、令人恼火的垃圾分类……还有莫名其妙、毫无用处的税收。在大家看来，这些东西好像都是因为一些冠冕堂皇、徒有虚名而又令人费解的名目而产生的。可是，人们同时又对空气质量或垃圾泛滥的问题抱怨不已。为了解决椋鸟进城的问题，竟然有人提议把沿河堤几千米的百年老树都砍掉——他们大言不惭地提出如此建议，一点儿也不觉得荒唐可笑和自相矛盾。这种逻辑就好像患了感冒，因为讨厌鼻涕、鼻痒、打喷嚏，而要把整个鼻子割掉一样。由于人们对树木的这种冷漠态度，在很多城市，绿化部门都像市政部门中的“灰姑娘”一般无人问津，只有腐败和掠夺——这是所有人的责任，而不应该全压在那几个为了维护整个街区而站出来的少数勇敢者的肩膀上。[10]

对于这种现象，唯一的解释只能说是由“无知”造成的。这种意识上的混乱正是因为人与自然隔绝太久，让人和自然成了两个极端。我们已经没有贴近自然的习惯了，甚至觉得自然遥远得

10　这些人切实地捍卫公共绿地和人的健康，比如市政委员卡特纳·蒙蒂，不久前，在意大利首都罗马，阿尔多布兰迪尼别墅公共花园已经年久失修，被人遗忘了，这些绿化卫士们正在为它修葺后的重新开放而努力。

不真实，在我们的内心深处，大自然成了一个并不真实存在的东西。这又源于一种奇怪的偏见——一种无意识的刻板印象，这让我们很容易忽视环境因素所起的重要作用，即使自然景色映入眼帘，我们也很容易对其视而不见。我们不知道周围的自然因素究竟在多大程度上影响着我们，它们距我们咫尺之遥，伸手可触，日日如此；自然景观的审美意义姑且不论，它对我们的现实世界也有着实实在在的影响。然而，对如今依赖电子产品的城市人来说，这些自然环境因素是那么容易被忽视。树木沉默不语，静寂无声，它们可不会罢工示威，它们一声都不吭；它们至少不会用我们能理解的方式表达。也许它们需要一位大使、一位发言人，就像苏斯博士创作的经典人物老雷斯所说："我是老雷斯，我为树木代言，我为树木代言，因为树木不会说话。"[11]

瞧，老雷斯虽然只是个滑稽的动画人物，可他却清楚完整地向我们道出了事物的真相。

我们，会听吗？

---

11 "我是老雷斯，我为树木代言。我为树木代言，因为树木不会说话。"《老雷斯的故事》自 1972 年第一次出版以来，被翻译成多种语言，反复重印，一直位于畅销童书前 100 名行列。《老雷斯的故事》被改编成电影、广播剧、话剧、电视剧等多种形式的文艺作品，2012 年还被拍成了一部全新 3D 电影。

身陷城市：社区生活

如果绿色植物在很大程度上影响着死亡率、疾病发病率，为诊所或医院疗愈病患提供着新的解决方案，那么在更广大的意义上，它对健康人的日常生活和舒适度又会产生多大影响呢？先放下树林和草地不说，我们仔细观察一下都市环境：都市对研究我们刚提出的这个问题再合适不过了，因为这里到处都是人工景观，目之所及不见树木、植物，这也就能让我们更容易地探知缺少植物所带来的影响，以及反之——它们存在的意义。

在城市里要保持身体健康、心态平和，难道也跟接触自然有很大关系吗？这简直毫无疑问，从晴朗日子里成群结队涌入公园和花园的人流就可见一斑。很多人可能觉得这是件很自然的事儿，虽然对个中缘由一知半解。可要说小区周围的公园和花园究竟有什么用，即便是那些最觉得应该努力营建绿色城市的人，仔细想想也只会说，因为想呼吸一口新鲜空气，或者单纯想有这么一个地方，能运动一下，锻炼身体而已。这都有道理，只不过是有限的道理——健康与绿色（树木等绿色植物、花园）之间的关系是一种比较复杂的协同作用，由每个协作方各自出力，最后汇聚成一个总的力量，发挥出比每一方都大得多的作用，同时还会产生许许多多的衍生效应。

城市中的树木和绿色植物与城市居民的心理健康之间有着一定的关系，这似乎比较容易理解，尽管这关系的程度经常被低估，但是要让人们理解树木等绿色植物还会影响到城市的经济和商贸，以及诸如居民区活力、犯罪率等社会问题，似乎仍然任重而道远。

当然，在家附近能看到绿色植物总是一件值得高兴的事儿，可有没有绿色真的有区别吗？答案似乎是肯定的。在居住人口密度较大的城区，生活区域周围绿色植物（院子里的小花园、街边的树木、举步可达的公园）越多越能让人们感到满足——这些人会觉得自己生活在一个宜居的地方，邻居们人都很好，所在的社区也更团结。相较之下，居住在附近都是人造建筑的区域的人则更容易产生疏离感。科学家在亚洲东部地区进行了一项研究，测量居民区中植物与树木对独居老人身心健康的影响，研究得出了同样的结论：居民区附近绿色植物越多，老人越觉得跟邻居们关系更亲密，更可彼此依靠。年轻人也一样，认为经常去公园和公共花园能让生活质量更高，而这取决于在小区或生活区周边有多少公共绿色区域。

对生活质量标准的界定，是研究中衡量人们健康度和舒适度的可靠参数。主观上，生活质量标准与人的心理状态有很大关系，包括自我、自尊、情绪等方面；客观上，生活质量标准则由环境因素决定。如果我觉得生活舒适，对自身、工作、感情、家庭等方面都很满意，压力也能够得到很好地缓解，就会认为自己的生活质量很高。在这种价值观念中变量纷繁复杂，但很重要的一点便是生活在一个让自己觉得喜悦、安宁、不干净、污染少的地方。

在这里，人与人之间有着很和谐、亲密的关系，让自己觉得被关心、被支持，而且没有社会冲突的危险。

过去，在生活质量标准中，树木等绿色植物、花园曾起着很重要的作用。

即便是在被定义为“困难”的生活区（住户多、人口经济条件差、犯罪和安全问题发生频繁……），花园、公园和其他都市自然因素，哪怕只是就窗外的景色而言，都会给小至个人、大至社区带来一系列积极影响。甚至在一些地区，这些因素已经影响到了社会政策。能欣赏到树木等植物、公园等自然景观的人，即便只能看到一星半点，其感受到的疲倦和压力也能更少一点；这样的人会觉得自己更有能力处理突发事件和问题，看待事情更客观，更少主观臆断，配合度更高。这些人的负面情绪明显较少，包括愤怒、挫败、焦虑、抑郁等。无独有偶，许多研究显示，这些人无论从言语上还是从行为上都更少见暴力倾向。其中，为人父母者也能以更平静温和的方式对待自己的孩子，在孩子需要的时候，也能给予孩子更多支持。有机会亲近树木等绿色植物的孩子，学业成绩普遍更好，他们的性格更开朗，也更容易专注、井井有条；绿色植物可能也能使人态度更积极，具备更强的适应力，当发生坏事或灾难时，也能更快调整情绪，更好地应对。家庭环境中有绿色植物，能令家人更团结，当生活中遇到问题时，也能携手面对，即便生活区内环境纷乱。

还有一项数据也很有意思，甚至对一些人来说有点儿反直觉：

多项研究显示，绿地面积更大可使犯罪率更低。因此，他们印象中可能滋生犯罪的公园和花园事实上并非如此。这一方面可能因为树木、花园和绿地对人们的压力、怒气和暴躁有一定的消解作用，因为它们有助于令人心情平和、与人为善，让小区邻里一团和气。不过，还有一点需要注意，那就是绿色植物需要适时修护——这样的环境要呈现出舒适、宜人、易抵达的样貌。一个被废弃、肮脏、荒芜的公园，让人看见就不想进去（谁会想去那样的地方呢），那肯定是无法起到好作用的。

因此，我们可以说，一个有着更多绿色植物的住宅区能让居民心绪平和、家庭温馨、邻里和睦，消减压力、减少暴力、抚平暴躁，甚至减少犯罪。这难道是什么魔法吗？当然不是。在这神奇效果的背后，是复杂的自然机制，它一直在方方面面产生着作用，让我们能拥有更美好的生活。

“绿色”风景带来的惊喜福利

在城市中种植树木、营造园林还有更接地气的作用。从经济的角度看，一个有树木等绿色植物的小区房价总是相对较高。每一位房屋中介都深谙一个销售技巧，那就是强调在售的房屋周围有多么繁茂的植物。谈论一栋住宅的经济价值或许让人觉得俗，但是出于各种各样的原因，一旦房屋具备利于舒适度和健康的因素，总能令卖方挺起腰杆来。不仅住宅区是这样，商业区也是一样——在有树的商业街上，人们会更愿意停下来，看看橱窗，并且……消费。消费者得到了放松，而且很有可能成为这些店铺的回头客。这种规律对大型商业中心来讲也同样适用，城市规划部门和市场营销部门的相关决策者对此应有所了解。

所以，即便是从经济的角度来讲，为了给停车场腾地方而砍伐树木的做法也着实不可取。

阅读至此，对读者朋友来说，日常生活中常常身处树木和花园之间，哪怕只是目之所及的绿色更多，对人的身体健康和精神状态也是有好处的，这已经确凿无疑了。不过，在其他情况下，这种自然因素还会带来更多影响。

接下来要说的情况可能相对要极端一些，比方说在监狱中。哪怕是透过牢房小小的窗户能看到零零星星的树木，也能对犯人的身体和心理健康起到重要作用，而且能从根本上改变其心态。常看到更多绿色风景的人暴力倾向更少，与其他犯人起口角甚至肢体冲突也更少；他们也更少患病，更少需要求医问药。

树木等绿色植物除了能帮助犯人保持健康和更好的精神状态，还有利于其改善行为，帮助其遵守纪律——这对于其在狱中保证自身安全是很重要的方面。在狱中组织犯人进行园艺活动能够帮助犯人们重新培养良好的行为，这种方式在意大利米兰市的一所监狱中卓有成效，在其他一些监狱中也是。

还有学者对绿色植物在工作场所起到的作用进行了研究，结果显示，办公区哪怕有一点点绿色的树木或其他自然元素，都能让员工的工作状态得到改善——环境中绿色植物越多，员工对工作任务的态度越积极，员工感受到的工作压力和人际压力越少，员工患病率也会下降，从而显著减少请病假的员工人数。而且，更令负责人喜出望外的是，还能提高工作效率和工作量。

在路面上，更多的绿色植物能帮助驾驶员集中注意力，缓解焦虑和沮丧。而且，并不是非得在马路上种一片树林才行，沿着街道种一排树木就足矣。视线中有树木和植物会让驾驶员紧绷的神经得到一定的放松，从而令各个感官迅速恢复，提高驾驶效率；从而降低交通事故发生率，以及驾驶员“路怒症”的暴发概率。因此，街道旁一字排开的树木，除了起到美观的作用以外，还能净化空气、调节当地的气候、过滤细微的灰尘、吸收噪声等等。实际上，树木的这些作用都能帮助降低交通事故的发生率。[12]

树木等绿色植物在大学生和进修生的课业中也会起到一定的作用。研究者们想要分析出校园环境中哪些因素会对学生的学习成绩产生最大的影响。在几所声誉权威、学生众多的大学中，研究者们通过仔细观察，发现了学生们选择行走路线的规律。正如

12　当然，这里说的是当街道旁的树木栽种得比较合理的情况下；针对特定的街道，人们需要先搞清楚哪个品种的树木比较适合栽种在那里，要考虑到种植空间大小、植株间的距离、得当的养护方法（比如如何伐枝修剪树冠）。而且也不要把责任都推给树木，驾驶员自己才是要对自己手中的方向盘负责的人，驾驶方式和速度也要因路而异。比如，以 20 迈（1 迈≈ 1.6 千米）的速度在高速公路上行驶十分危险，而在乡间小路上飙到 120 迈也是一样。

你所料，当学生能在从宿舍到教室的路上欣赏到自然景观时，能令他们的学习成绩和研究成果会显著增加，同时机体的疲劳信号和症状显著减少。实际上，最早几项有关树木和植物对人的心理影响的研究中，有一项就是以大学生为研究对象的。研究是在笔试的过程中展开的，因为在这样的场景下，研究对象处于正常的紧张和焦虑状态下，在其他条件相同的前提下，面前或周围有树木和植物的考生能够更好地承受压力，考试成绩也更好。在密闭、无窗或者面向城市景观的考场中的考生则更悲观、不适感更强烈，考分也不理想。成果、成绩、效率，无论是对学生还是对其他人来说，都与组织能力、专注力相关，集中精神、尽可能发挥自己的观察力和思辨力，就能更好地应对紧张和压力。

由此，人们才了解到树木和植物究竟是怎样对人产生作用的。

到底是怎么回事儿？初步线索

无论是在医院、复健中心，还是在人潮涌动的城市中心，那些平日里人们常常光顾的地方；无论是在监狱，还是在车流之中；无论是在办公场所，还是在高校的课堂里……前述场景形形色色，但是它们彼此间又存在一些共性。首先，这都是人群密集的场所，常常比较拥挤，因此人处于这样的场所总会比较紧张。如果环境不舒适，甚至不安全的话，人就容易感到处在更大的压力之下，会因为前景叵测而焦虑。这样的紧张感会令人持续身心俱疲。总之，人们把这些身体和心理上的综合变化统称为“压力”。

压力是人机体对周遭特定环境的正常反应机制，但并不是无害的。如果长期处于这样的状态下，人的身体健康就会受到威胁，这是人们已普遍认识到的事实，但是与身体同时出现状况的，还有人的心理状态。关于这个我们后面还会进一步详述，因为科学家们已经对关于树木和植物如何帮助人对抗压力这一问题展开了大量研究。当人们深处自然环境中时，大家都能切身体会到心灵的平静和“减压”：很多人都感受到过，即便这种有利健康的放松感对每个人来说有程度上的差别。大家都把这种感受归功于体育锻炼和新鲜空气。

无论绿化面积是大是小，每一棵树都能对空气起到净化作用，而且能够改善环境中的其他因素，每一种因素都能够对我们的机体运行产生影响，从而影响我们的健康。这就涉及另一种自然影响健康的方式：树木和植物会为人的生命健康创造条件。它们会降低环境污染——树木、植物、自然对改善生态环境起到至关重要的作用。这种作用的重要性甚至可以量化，但是往往被公众低估了。

在西方国家和生活方式较为西化的国家，为了降低不断攀升的疾病发病率、减少高昂的诊疗费用，人们列举出许多致病因素，其中有一条，就是久坐不动。实际上，对人来说，生命在于运动，因此，如果过于缺乏运动，身体状况就会变差，甚至会造成不可逆的后果——肥胖症，代谢紊乱，循环不畅……还有心理问题。那么自然又与此有何关系呢？其中人们居住的地方（或周边）树木等绿色植物越多，他们进行的体育锻炼就越多。

当人们想到公园和古典庄园的花园时，往往会本能地想：要是我能住在这么美的地方附近，一定会更容易下决心出来走走或者跑个步。在城市里，哪怕面积再小的绿化也起着作用——比如沿街的树木、花坛、小径、小花园，等等。这些充满生机的自然元素装点着我们的城市，同时也从根本上改变着人们的心态和观念：如果我们街区的路旁都种着树，那我会发自内心地喜欢从那里走过。我会享受步行，可能会更常去购物或者选择步行的方式出门办事，或者骑自行车去学校接儿子放学。总之，我会更愿意运动，无论是步行还是骑车，或者踩滑板车，在日常活动中也会更少驾车出门。

对于体育锻炼本身来说也是不一样的。我们先说两处小不同。研究发现，在自然环境（花园、公园……）中进行体育锻炼 5 分钟以上，就会对人的心情起到显著改善的作用，还能增强人的自尊心，也就是说，在身体的其他机制还没发生作用的时候，著名的内啡肽就开始起作用了。这种情况在运动场或者城市环境等人为环境下就不会发生。

此外，慢跑——无论在哪里——只要是慢跑，都能少量降低血压，增强自信心。不过如果在绿色植物间慢跑，这些效应会更加明显，而且，如果每次慢跑能够坚持得稍长一些，效果还要更好。在这个过程中，有一种因素产生的影响最大，它与树木和植物密不可分。

体验大自然："绿色"润物细无声

因此，要享受树林和公园对健康带来的良性影响，跑不跑步不是那么重要。树木等绿色植物跟体育锻炼给我们的健康带来的好处等量齐观，树木等绿色植物就在那儿，我们只要走入其间，就能受到大自然的润泽。

英语文学经常提到的一个词组就是"体验自然"(Experiencing Nature)，意为"到大自然中体验一番"。在意大利语中，这变成了一种十分笼统的说法，不过这个概念很重要，其中包括了各种贴近大自然的生活方式。人们既可以远观自然，也可以走近自然，置身其中，聆听自然的声音，深嗅自然的芬芳，走一走或者跑跑步，在大自然中做游戏。在上下班路上欣赏林荫路上的美景，在花园里坐下来读读报纸，到城市郊外去野餐……越深入这个话题，越会令人想"到大自然中体验一番"，方法无穷无尽。

"花园疗法"是我们最先提到的几项研究之一，就连从窗户往外看到的树木也有"治疗"功效；我们前面已经向大家揭示了拥挤的大城市中公共绿化区域所起到的重要作用，甚至路边成行的绿荫也有着重要的影响；我们证实了居住区和日常活动区附近大面积绿化与个人心态和疾病之间的关系，以及在公园中慢跑能起到的极其深远和广泛的作用。

对于这一切的发生机制，我们已经有了初步的想法。充满生机的大自然以某种方式帮助我们对心理压力带来的负面影响进行了有效缓解，而且它还鼓励我们进行更多运动，从而降低久坐带来的危害。当然，树木等绿色植物让我们的生活环境变得更加美好，这并非全部，它们还对我们的精神状态产生着更细微的影响，树木等绿色植物能减少我们的负面情绪、增强我们的自尊心和自信心，还能让我们更易于回归平和。

如前所述，绿色植物对我们放松神经起着很大作用，这个话题不再赘述。不过，体验绿色和大自然的意义却超越了体验本身——它让人的内心变得明朗，心理状态保持平和。许多研究对人们置身自然时的心态变化进行了集中观测：在花园中小坐、在附近的公园里散步，或在自然保护区中徒步探险，这些都是我们认为能够“安神”的体验，这对于一个人寻求内在平衡有着很重要的引导作用。人们常说的还有大自然“推陈出新”的特点。有树木等植物的自然环境能够让我们的感官更加愉悦和放松，同时感受到重新焕发的生命力——比如在职场上，我们的反应会更加敏捷，专注力也会提高。

很显然，所有这些都不是孤立的问题，不是减压或减排的问题，也不是锻炼身体、改善心态的问题——这是一个系统的问题，这些作用之间也会互相作用，形成一张纷繁交错的作用网络。主要因素和次要因素之间互为因果，以不同的路径、在不同的程度上影响着我们的身体。

于是，我们该来看看整个这张网络是如何运行的了。当我们凝视一棵树的时候，当我们在公园中玩耍的时候，当我们在林中漫步的时候，到底是什么在背后悄悄地起了作用。

这是接下来几章的内容。到目前为止，我们清楚的是，没有它们不行。

欧洲白蜡树的结局

白蜡窄吉丁是一种昆虫，它周身泛着漂亮的绿色，原产自亚洲东部。到了西方，它成了一种对白蜡树危害很大的寄生害虫。白蜡窄吉丁的确名副其实，几乎所有种类都是白蜡树侵略者。一旦被它们入侵，白蜡树将必死无疑，而且时间不会太久，只需要一到两年。这种绿色的白蜡树侵略者又从欧洲来到了北美洲西部。1990 年到 2007 年间（我们接下来要讲到的实验就在这期间进行）的美国，这种害虫导致了上百万的树木大面积死亡，而这只用了十五年不到的时间——简直是一场屠杀。

不过，这场灾难为科研人员们提供了一个绝佳的机会。要想通过一个自然实验去研究周遭环境的突变会对人们的健康有哪些影响，在这儿能找到合适的实验条件。

但是问题来了，总是有许许多多错综复杂的可变因素会对某种现象产生影响，这也是许多科学研究遇到的瓶颈问题。一项设计周全的实验，要通过科学手段创造条件，尽可能降低和规避实验研究目标以外的可变因素对实验对象的影响，营造出最纯净可控的“实验室”环境（既是指真正的实验室环境，又是引申比喻实验室一般的实验环境）。当研究对象是人的时候，尤其难以排除干扰因素，营造理想的实验环境。尽管过程复杂，但是如果人们能够根据不同情况谨慎设计实验，只要运用合适的方法，根据数据排序（而且实验进行顺利），研究中涉及的各因素就可以不对实验结果的有效性产生影响。

要搞清楚我们周遭环境中的绿化程度对人们的患病率和死亡率究竟是否真的有影响，就要排除其他因素对判断的混淆，将人们的健康情况数据和这些自然因素的出现量进行比对，而且采样的人数要够多、多样性也要够丰富——要在不同地区采样（这样才能排除地域因素的影响），要在城市、城郊及乡村中采样（这样才能排除生活环境因素的影响），要在生活水平富裕地区、生活水平中等地区及生活水平较低地区采样（这样才能排除社会经济因素的影响），还要在职业不同、生活习惯和品位不同、年龄不同的人中采样。

如果排除所有上述可变因素的影响，自然因素对健康和患病风险仍然具有显著的影响，我们就有证据可以说明其中的联系是客观存在的，此时我们还可以进行一些实验，来进一步佐证这种因果关系。

在小小的绿色侵略者到来之前，白蜡树作为城市和城郊绿化的重要树种，在美国很多地方都有栽种。一项可量化数据对每个地区的绿化树木情况进行了统计，结果显示这种白蜡树遭到寄生害虫的大规模入侵，而且是唯一惨遭入侵的树种。可怕的白蜡窄吉丁在极短的时间内屠杀了这些区域中的主要树木，这就决定了实验的采样范围足够大，而且这些采样对象的日常生活区中一开始（以下称“t0”）还栽种着大量树木，但是突然间（t1）周围的树木就所剩无几了，而这种变化并不是由搬家、换工作或改变生活习惯造成的。

死亡率在流行病学中是一个重要的参数——它指的是在一段时间内，一个群体中由某种原因导致的死亡人数占群体总人数的比例（百分比或千分比）。通常来说，这些数据由国家卫生部门收集。通过对几年中此数据的变化，人们可以总结出健康走向、趋势、异常，还能甄别出由不易察觉的诱因导致的反常现象，比如说遭有害物质污染的环境，或者当地环境中某种关键要素的缺失。

在我们这个案例中，研究人员在白蜡树突然大范围枯死事件发生前后对人类的死亡率进行了监测，尤其关注由心血管疾病和呼吸系统疾病致死的人数。为什么呢？一方面，这是两种在西方致死率最高的疾病，因此是健康卫生问题的关键；另一方面，心血管疾病和呼吸系统疾病与压力、空气污染、极端气候、剧烈运动之间具有显著确凿的相关性。而我们知道，上述这些都是与树木等绿色植物有关的因素。

研究人员并没有把目光局限于这些与研究直接相关的数据，作为参照，他们还测量了与白蜡树事件无关的意外事故死亡率。然后，对一段时间内每个区域的健康数据和有寄生虫导致的树木死亡率进行精细比对，然后用数据统计方法进行精确分析。

结果显示，树木的大面积死亡与由心血管疾病和呼吸系统疾病引发的居民死亡率升高之间存在联系，而且，是极其显著的联系，也就是说，这种显著升高的死亡率并非出于偶然。树木死亡，绿化减少，人的死亡率升高。而且，正是在树木被侵蚀最严重的地区，居民的死亡率最高。与白蜡窄吉丁侵蚀造成白蜡树大面积死亡事件发生前相比，呼吸系统疾病致死案例增加了6113例，心血管疾病致死案例增加了15 080例。

这项研究的范围足够广，也规避了干扰因素，这是毋庸置疑的证据——它证明了树木、绿化和人类的健康之间存在着联系。那是一种十分复杂的联系，其中的作用机制还有待明确，但是联系的存在是确凿无疑的。

小 结

树木等绿色植物及其他自然元素对人的健康有好处。与自然相接触带来的影响可以直接作用于我们的身体和心灵，日积月累，为我们的身体和心灵带来实实在在的好处，甚至会促进康复。

科研人员正越来越多地揭示树木等植物、公园、花园对人健康所产生的复杂影响，以及其中或直接或间接的作用机制，但对于人来说，置身大自然是一种再自然不过的体验了。

对于树木等绿色植物及其他自然元素对人的身心健康、康复过程和再生能力产生的重要作用，还没有一个确切的词语能做到一言以蔽之。但是这种作用是客观存在的，是真实的，而且其作用是普遍可见的，尤其是在城市以及一些特殊环境中。

对于我们来说，要想身心（在最大程度上）保持健康，与树木等绿色植物及其他自然元素的接触是至关重要的，尤其是当身体抱恙时，我们会觉得需要重新贴近自然、接触自然。

不过，如果这确是事实，那么，维系或重建与自然间的关系，将“体验自然”作为一种日常生活中的习惯就变得势在必行。这在生命之初就要开始进行，因为婴幼儿时期是人类的塑造期，从这时起人就要为自己未来的身体潜力、性格脾气打下基础，当然，也可能埋下隐患。

那么，今天，我们的孩子与自然的关系究竟如何呢？树木等绿色植物对孩子的身心发展、成长健康有什么样的影响呢？

插曲

一个美好的夏日，一辆卡车载着满车的行李和坐在上面的一家人，向一座乡间小屋驶去。小屋坐落在一片茂密的树林边上。这家有两个女孩，其中一个年纪很小，另一个则要稍大些，跟她们在一起的是她们的父亲。而她们的母亲呢，后来我们知道，她正在住院，医院距此地有些距离，但是要去的话也不算长途跋涉。他们是来度夏的，因为这里的空气比较好，而且在经历了一段担心和焦虑（这是家长的通病）期后，他们需要到这儿来散散心。下车前，那个大些的女孩环顾了一番四周的景致和那一座座小房子，露出一丝愁容。

这家人居住的房子位于一座村庄中，他们对那里一无所知——两个孩子好奇地东看看西看看，心里有着一点点恐惧。那儿的一切看起来都好怪异，好不一样啊！她们在这个人生地不熟的地方，真不知道会遇到什么事。乡间小屋光线阴暗，布满灰尘，很长时间没人进来过了，窗户由厚重的木质百叶窗遮着，让房间看起来黑黢黢的，十分神秘。夜里，附近的林子里会传来奇怪的声响，有时候白天也有。小屋和花园在盛夏里看上去很美，但是有时候看上去又有些格格不入，似乎很陌生，甚至有些让人望而生畏。

这些房间一定得重新整理打扫才行，得让空气流通，让阳光照进来，还要清除尘土，驱走黑暗。让它慢慢地重焕生机。

孩子们得在这个新地方建立新的生活，在这里成长、蜕变。

不过，在这个过程中，孩子们并不孤单，或者说，他们跟随着指引——那是一些来自树林的精灵，在这个有魔力的地方，一切都在一棵巨大的樟树的荫庇之下……

一些读者应该已经想到了，这是宫崎骏的著名的动画电影作品《龙猫》中的情节。在宫崎骏的电影中，树木、森林等自然元素一直都占有非常关键的位置，而且，他将它们赋予生命和性格，成为活灵活现的角色，却从未令它们褪去自然性，从未被“人性化”。在这部电影中，还有一点很值得玩味，那就是其中的树木是图腾、神仙一般的存在。对于我们的主角小女孩来说，它是她内心治愈和成长之路上的关键支柱。当然，它是以某种方式派出使者的，这些使者就是龙猫和小伙伴们。那些小伙伴没有名字，我们姑且就叫它们小精灵好了。

这是个魔幻故事吗？当然是了。这是一个美好的童话，情节引人入胜，温馨甜美，富有诗意，经大师手笔更是演绎得精彩绝伦。

这是个真实的故事吗？是，它很真实，在某种意义上。这个故事是以现实为基础的。

树木等植物、花园，是一些孩子成长和治愈的催化剂，是孩子的健康之本，甚至生命之本。真的吗？

第2章

消失的岛屿

我认为没有谁能真正为“太空行走”做好心理准备。那感觉实在太奇妙了！在我们每个人心里都住着一个小孩，正是那个小孩在这无垠的宇宙中，在这未知的世界里，不断探索着，惊叹着这天地万物的奇妙与迷人。

——卢卡·帕尔米塔诺　宇航员

仅仅一百年前，或许更近，在乡村和城郊小镇里居住着大量居民；无论大人还是孩子都与大自然紧密相连，而且这是躲都躲不开的，大自然就在家门外。人们离不开大自然，与大自然紧紧相依。这种紧密相连的关系不一定是田园诗意的，而是一种非常实际、直接、日常的依存。城里人在早些年也曾跟自然有过比较密切、天然的依存关系。那时候，城市的市中心还很小，乡野也就离得更近，因此城市与乡村的日常生活就存在着更密切的往来，比如食物、服饰、家养的动物，乡村没有与城市相剥离。其间也存在着一些隔阂，但都不是那么紧要。

那时候，小孩子们有更多的机会到野外去玩。他们当中比较幸运的那些，能随时体验“乡野”——最幸运的孩子能有一座采摘园，而运气没有那么好的孩子至少也有一棵大树，有一些灌木种在院子里，有一块没变成农田的土地，可能还有一条没被用于城市用水的小溪流。此情此景，我们可以从很多少儿文学作品中读到一二。长袜子皮皮去海洋和树林中的洞穴探险，在一座久已无人问津的公园里遇到了“五人小组”……实在不行，小巷和小广场也不错。总之，“野外”说的是这样一个地方，人们在此能或多或少接触到大自然，可以是私人的也可以是公共的，最主要的是没有经过人工改造。换句话说，在这个地方，孩子能暂时成为主宰，抱着游戏的心态，把这里划为自己的地盘儿，尽情构建想象中的世界。一棵倒下的松树能变成一艘大大的帆船，也能变成一座小小的堡垒、一座迷人的古堡、一座毛克利的丛林，或者其他千千万万种事物（而在游乐园中那些五颜六色、装饰有蒙面海盗的帆船，却是这样的东西：一艘假船。这不会是孩子的选择，而是外界赋予的主题）。

如今，随时到公园、花园、其他户外场所，或者上面说的野外，游戏变得不再那么容易了。出门游玩需要等合适的时机，这种时机少之又少，还有各种限制。遗憾的是，城里孩子居住和生活的地方，的确是缺少自然的。城市化发展飞速，可这也是某种退化，乡野被成片的小别墅占领了，农庄纷纷关门或破败不堪，原本触手可及的自然空间就像洗坏了的羊绒上衣一样缩水缩得厉害。人们营造的氛围和社会文化习惯令孩子难以体验到大自然，他们靠近大自然的步伐受到限制、削减甚至阻碍；当然，这经常是出于好心，有时候是为了达到有益的目的。

孩童、大自然和业已消失的天性游戏

遗憾的是，这并不是感觉而已，而是有真实数据证实：孩子，尤其在都市中和西方国家成长的孩子，对树木等绿色植物及其他自然元素的接触总要少得多；他们一天中大部分的时间都在室内度过，或在由成人组织和监督的活动中度过。他们即使能在户外度过一些时间，也是在户外那些人造的环境（如运动场、娱乐设施区、商场或城市的广场）中，而很少去花园、公园和自然保护区，种着绿色植物的院子或其他能大开脑洞、无忧无虑做游戏的地方。

另外，与过去几年比起来，孩子玩的时间也大幅减少了。这一点确定无疑。

第一反应：太糟了

显然，大家之所以产生这种第一反应，是受一种深植于我们潜意识中的文化因素的影响——我们认为，孩子就应该是天真无邪的，他们玩耍的地方也应该是天真无邪的，是自然的。为什么这个想法如此根深蒂固呢，也许是——至少有一部分是——因为它实际上象征着，或者说满足着某种需求。我们想一想，对于现在的成年人来说，天气好的时候，“玩”仍然是“出去”的意思；只有天气不好的时候，才是“在房间里玩”的意思。虽然并不是每一天都会出去玩，但是出去玩的频率也相当高，尤其是学校放假期间，孩子们总会在花园、公园或者海岸边的树林里待上几个小时。这样的时光能让孩子们体验最大程度的自由——探索、冒险、与其他孩子互动、争吵，有时候甚至打架。大人们虽然也会看着，但会离得比较远，比较适度，他们一般不怎么管，只有必要的时候才会出手，比如有人想做危险的事情啦，有人闯祸啦，或者有人要让自己好了的伤疤再次疼起来啦。

奔跑，风声，光影，带着恐惧与惊喜的新发现，有时候还有试探危险与禁地时激动的颤抖（“我跟你说过不要爬到那棵树上去”）。所有的这一切，孩子们都可以在大自然中与同龄人分享，或者独享。在大自然中玩耍，还能令孩子形成责任感，比如当他们被交代“看着点儿你表弟，他年纪小，你得小心照顾着点儿”时。孩子还能用那些大自然中的寻常事物做成道具和场景，比如树木、断枝、石头，用这些零七八碎的东西和无穷无尽的想象力，他们能创造出一个又一个故事和探险经历。第二天，这样的故事和探险还能继续进行，可能继续编，也可能重新编，还可能篡改情节。在这个过程中，他们摸索着世界。他们学会了团结。这些自由的游戏加在一起，让孩子直接参与到体验中，在世界和成人面前建立自我意识。

如今，这种自发、自由、自然的玩耍概念正在孩子心中逐渐消失，已经是无可争辩的事实。当然，与此同时还有其他现象也在发生——习惯与传统在消逝，生活的条件在改变，社会也日新月异。这一切的发生真的是不可避免的吗？而且，最重要的是，这一切的发生，应该吗？

关起来的童年

确实，对于今天的很多城市孩子来说，童年从某种角度看更像是囚禁。孩子的日常多半是在四面墙之中度过，在家里，或在室内，总之是循规蹈矩地进行活动，而且是在大人的组织和监管之下。[13]总之，他们一直处于监管之下。如今，孩子的体验（比如学习、游戏、活动、运动、自然、文化）大多是间接的，通过某个大人（比如教师、教育专家、辅导员、训练师、教练），或通过某种工具或器物（比如手机、电脑）。孩子坐在汽车里，奔波于一个又一个日程安排之间。最后，能与一群小伙伴在院子或公园里见见面就已经很好了。几年前的一项研究表明，10 年间，

13　除非是对着平板电脑、手机、电视等电子设备——在这些情况下还真就需要有人监管了。

6~8 岁的孩子玩耍的时间减少了 25%，这可是四分之一！同时，在教室里度过的时间却显著增加。注意：对孩子来说，玩耍具有非常重要的作用，这个我们会详谈。体育馆和实验室才是增进孩子身体、运动、智力、情绪、情感、社交等方面发展的场所。玩耍的时间减少，忙忙碌碌的生活，可能会让孩子缺乏全面协调发展的重要动力，而且，有可能给孩子带来过重的压力，从而导致一系列不良后果。

今天，平均看起来，孩子玩的时间比以前少多了；他们很少真正自主地玩耍；他们不再能无忧无虑地在户外、在天地之间、在带有哪怕一点点自然元素的空间中玩耍了。奇怪的是，并不是只有城市孩子这样，乡村中的孩子也是，只不过跟城市孩子比起来稍好一点而已。不久前一份测试显示，在美国妈妈中，有 70% 的人小时候经常在户外、在花园或附近的公园或草地上玩，但如今却只有 30% 的美国孩子经常在户外玩耍。在户外玩耍，对上一代的孩子来说是再寻常不过的事情，现在却变成了稀罕事。

略作思索

这种生活方式和生活习惯上所发生的根本性变化，客观地说，有几点原因。比如，与二十年前比起来，孩子每天的在校时间显著增加了，家庭作业也比从前多。每天的生活变得更复杂，核心家庭能提供的支持减少，父母工作时长增加，空闲时间变少，总是在忙，忙他们自己的事情，忙各种各样的事情。可选择的娱乐和消遣多种多样，面对令人眼花缭乱的选择，去外面玩是最少被选择的一项。而且，很多时候即便他们想到外面去玩，附近也少有能够轻松抵达的公园或绿化区域。

这也与公共设施维护不善有关。一座少有人打理的公园，到处破烂不堪、脏兮兮的，也不会有人想来，家长更不会带孩子或者让孩子自己来这种地方。

不过，天性游戏、空闲时间和自然体验的逐渐缺失，更多缘于主观因素，取决于父母、当下的社会和文化氛围。比如，鼓吹孩子应该把时间花在“有建树”“有用”的事情上，这样他们最终才能取得成功，所以他们的下午时光就被这样那样的课外班占据了。家长们怕孩子在外面玩的时候受伤、遇到坏人，或者遭遇险情，这种恐惧有时候会变得比实际情况夸张得多。

还有一种观点——一种被媒体甚至官方添油加醋地表述的观点：外面的世界，包括家楼下的院子，都是充满了恶意和潜在危险的，因此，要是像过去司空见惯的那样让孩子在外面玩，或者让他们独自去做一些事情（比如买牛奶），是一种“心太大”的行为。于是，出现了这样一种比较极端的父母，被学者们叫作“偏执型父母”[14]。好吧，也许城市早已今非昔比，邻居们的稳固

14　英文中叫作 paranoid parenting。

关系也减弱了，潜在的危险也变得更多了……但是，与实际的危险比起来，其他方面还有另一些失衡现象是需要我们给予更多关注的。

认为“外面”是危险的地方，如影随形地紧盯着孩子，家长式的（无论说出来的还是没说的）忧虑、恐惧感会很容易从成人世界传递给孩子。结果，孩子更不喜欢出门了，因为他们觉得外面的世界是危险的，或者因为他们被灌输的思想——外面会给人带来伤害，即便周围其实已经相当安全了。然而这些对孩子都是一种心理暗示，让他们觉得自己没有自处的能力，觉得自己特别弱小，逃避责任，从而进一步强化孩子的焦虑和不安全感，越发地压缩孩子的自主性。

此外，还有官方发布的规定方面的问题，有时这样的规定发得过于“耿直”了，比如“小心，危险随时随地都可能发生”之类的信息。这样的规定确实能够使人们的生命安全得到保障，避免意外的发生，但是，对职责的推卸、对人们会遭遇不测的恐惧，有时候会让有关部门订立的规矩矫枉过正甚至适得其反。就拿塑胶地垫的例子来说吧，在孩子常玩的滑梯和秋千下面，我们经常能看到塑胶地垫，它是由胶水、橡胶和塑料混合而成的，然而其中可能含有危险的有毒物质。值得考虑的是，这样的设施带来的实际好处多一点还是臆想中的坏处多一点，或者是否更应该把关注点聚焦于对设施进行更好的管理和维护、为大家更换材质安全可靠的设施，真正做到负起责任来。另一个有关规章制度的例子来自美国的几个州，在那些地方，如果家长让孩子自己上学，即便家离学校不远，而且又不是在有特殊危险的地方，也会被拘捕和判刑，罪名是他们作为家长的失职。意大利就更不用提了，不久前，意大利最高法院提出一项法令，对刑法“遗弃子女”罪进行了一条补充，规定十四周岁以下的儿童必须由家长接送，无论儿童是否成熟、是否有责任能力，也无论其父母的意见如何。需要指明的是，这条规定一经发布便遭到了家长、教师（和孩子）的反对，结果法院急忙在 2017 年 10 月 16 日一号政令第 148 条中补充了一个条款，话题剩下的部分就……太严肃了。

还有另一个极端的例子也发生在美国。人们发起了一项倡议解放孩子的运动，运动名称为“自由的孩子 / 放养的孩子”，旨在捍卫家长可以允许孩子自主决定到合适的地方玩耍的权利，反对以法律限制家长和孩子，最终让孩子沦为电动玩偶一般的存在。[15]

游戏是一件需要认真对待的事

他一天天长大，长成了一个聪明强壮的男孩，正像一个

15　这个倡议最终被写入了美国联邦法令，2015 年由美国前总统贝拉克·奥巴马签署。

男孩该长成的那样，只不过他对自己究竟都学会了什么浑然不知。

——拉迪亚德·吉卜林 《丛林故事》[16]

孩子应该玩，游戏是他们在成长中最先要进行的活动，在玩游戏的过程中他们的性格得以塑造。虽然说起来好像天经地义，但随着岁月变迁，孩子有效的游戏时间和游戏方式正在发生改变。至少在西方文化中，这是一种固有认识，以至于不言自明；在世界上的其他地方，这一点也许不像在西方那么明显，又或者，人们是以另一种方式认识这个事情的。无论如何，玩是孩子最重要的权利之一，就连联合国的文件里都承认这一点。有玩的时间和自由是非常重要的事情，而这对于一些孩子来说却是争取才能得来的。

游戏，尤其是广义的游戏，是孩子成长中最基本的要素。游戏随着孩子的成长变化和发展，同时也形成了成长的动力。也就是说，孩子在游戏中表达自我，游戏的类型反映出他们的年龄和发展水平；同时，游戏也能帮助孩子发展，训练和检验孩子的各方面能力（运动能力、语言能力、创造能力……），孩子在游戏中将这些能力综合起来，同时形成新的能力。游戏还是孩子探索世界的一扇窗口，使他们在不同的成长阶段增强自身技能和能力。

16 "And he grew and grew, bright and strong as a boy must grow, who does not know that he is learning any lessons."（Rudyard Kipling, *The Jungle Book*）

例如，对幼儿来说，游戏往往是用手抓握操控不同材质的物品。这让他们对物品的物理属性有所认知，同时能够学会协调地进行手部和手指动作，这从运动学的角度来说是一个非常复杂的动作。他稍大一些时，游戏会转向关节动作，元素也变得越发丰富起来，因为此时，孩子的技能和能力已经得到了发展和扩充。从某一时刻起，孩子不再满足于探索空间，转而发展自主运动的能力，此时，孩子在玩游戏时进行运动，让肌肉、平衡能力和其他许多方面得到锻炼。接下来进入了语言发展阶段，此时孩子的想象力也开始变得更加丰富——他开始进行各种各样的假想游戏；他开始学会成为社会的一分子，在游戏中他会加强、验证和练习与他人相处的能力，这在日后的生活中非常有用。

因此，游戏是一件非常重要的事，是需要认真对待的事。有一种理想的游戏方式，我们称之为天性游戏。

天性游戏和有组织游戏

如前所述，在自然环境中，大人管束相对较少的情况下，独立地进行自由的游戏，无论是一个人玩还是结伴玩，都被叫作天性游戏，玩这种游戏的时候，孩子不会被强迫进行任何特定的活动（即无组织游戏）。进行天性游戏时，道具什么样、情节什么样，都是由孩子发明的，这样的游戏更多是激发孩子自身天然的特性，而不是受外界的指令、按要求进行活动。一开始游戏可能很简单，但随着孩子不断成长，其创造力和想象力、身体运动机能、语言机能和社会交往能力都在不断增强，他们发明的游戏也变得越来越复杂。在各种各样的天性游戏中，最重要、最普遍的方面在于能力发展过程中较强的自主性、非间接的直接体验、自发的探索发现、较大的创造空间。而且，孩子往往能自己决定在什么样的地方玩。

如此说来，想到天性游戏，我们脑中浮现的第一幅画面是一大群孩子在山打根的丛林中尽情玩耍，用从树上落下的果子和树枝演出一幕幕生动刺激的疯狂大冒险。大些的孩子可能确实会这样；但是对于小孩子来说，天性游戏可能只是在草坪上跑一跑、玩一玩（验证自己的运动能力），当然家长会在一旁适当地看护、陪伴，但是尽可能不干预他，让他在自身发展阶段允许的范围内享受最大的自由。对于处于不同年龄阶段和情况下的孩子来说，天性游戏的具体呈现形式也会有所不同。关键在于无论如何，天性游戏都是一种非常全面的游戏形式。可以说是最好的游戏形式，它为孩子提供了集刺激和体验于一体的综合活动，能够最大限度地促进身体和精神作出反应，进行成长的必要活动。也就是说，除了让孩子开心以外，游戏还能让他们更好地成长。

而有组织游戏呢，就是另外一回事了。我们用这个定义来描述在一定规则中、在配备有专门设施的特定地点进行的游戏，这种游戏通常是由成人来介绍和引导、使用许多特殊的设施来完成的。有组织游戏有很多优点，但是它与天性游戏不同，因为它是受各种框框限制的，比如游戏的规则、游戏的目的、成人在游戏中的指引者角色、游戏参与者必须使用的道具等等。虽然有组织游戏也可以很好玩，可能丰富多彩，很有教育意义，也可能能辅助达到一些目的，但并不像天性游戏那样全面。

主题公园里的冒险之旅是游戏，没错，但那是有组织的、有预设的游戏。足球学校组织的球赛，有教练、裁判，还有亲友团助战，这是超级的有组织游戏——队员们踢起足球已经俨然是专业的了。这可能是锻炼身体的好方法，也可能很有趣，但是并不能像天性游戏那样，将刺激与体验很好地融为一体，精心策划的生日宴会或者夏令营的晚会也不能。还有智能手机、平板电脑、计算机，总之所有那些通过屏幕操作的东西，好吧，这里的中间人是数码设备或程序。这是一种要么主动（游戏、社交）、要么被动（电影、动画片、照片）的活动，是一种完全自我沉浸式的体验，当然无须对其妖魔化，但是也不容小觑。[17]

这两种活动都很有必要，在游戏中，它们互相影响、互相作用。动画片教会我的东西，我能在午后跟朋友去公园玩的时候用得上，我用它创造了新游戏。但问题是，孩子用了更多的时间去玩通过中间人的有组织游戏，暂且不论电子设备，这就使得留给天性游戏和自由活动的时间所剩无几，而这对孩子正在成长中的

---

17 关于这个问题的探讨，详见曼弗雷德 · 施皮策尔（Manfred Spitzer）的著作《数字痴呆化》（米兰戈尔巴乔出版社，2013），其中论述颇具见地。

身体、心灵和认知来说，恰恰是不可或缺的。

天性游戏总是充满了冒险精神，因为没有预先设定的框框限制，所以其中会产生多种多样的惊喜和意外。天性游戏一般是在户外开展，在被孩子认为是“野外”的地方，如前所述，那样的地方总是绿意盎然，或者至少有一些自然元素（树木、花园、院子……）。孩子进行天性游戏时好像总爱找树、灌木等自然元素，而且能安全自由地进出的地方，关于这一点，我们接下来会讨论。

多些天然，少些设施！

事实上，天性游戏和树林、花园等自然空间的存在是分不开的。因为自然空间代表无组织，而它也是故事和刺激发生的必要环境。

坚持天性游戏空间的非特设性，是有其道理的。大量研究表明，在一个充斥着既定用途物品的空间内，即便是在露天场所，也无法让孩子开展天性游戏。如果一座大公园里有着成片的树林、可爬上爬下的架子、一座木屋，抑或一座吊桥，孩子便能在这些贴近自然、让人放松的环境中，利用这一切作为游戏场景或者道具，开展天性游戏。但如果是在一个充斥着秋千、木马，以及其他各种玩具的游乐场，因为实在没有其他的空间了，所以创造力和想象力也就无处发挥了。学校的操场、院子、水泥滑板场地……这些设施都很好，但是这些设施的功能都受到严格的限定，且只能用于特定用途。

有些学者针对公共区域内的儿童游乐设施规划开展了专门研究，他们注意到一种趋势正愈演愈烈——孩子能玩的地方越来越少，而且这些游乐空间的规划性、目的性变得越来越强，实际上也就是约束性越来越强。之所以发生这样的变化，主要是出于保护幼儿的目的，人们认为幼儿尚处于羽翼未满、脆弱易伤的年龄阶段，因此他们的游戏场所的各种设施都应确保安全；从另一个角度来看，一旦发生任何安全事件，都可能使游乐场所的管理者面临法律纠纷。这与为孩子提供舒适、天然的游乐环境的观念恰恰相反，舒适、天然的游乐环境空间相对开阔，没有既定的规则，取而代之的是大量的植物，孩子在那里可以天马行空地展开智慧和幻想的翅膀，而不必按照别人写好的游戏规则去玩耍。

遗憾的是，学校的校园和操场也基本遵循这种趋势：出于安全卫生和设施维护的考虑，要在地上铺设石板地面；出于“激发”学生潜能的目的，要把泥土和树木铲平，代之以各种设施开展教学活动……这些都与我们预期的效果完全背道而驰。许多研究游戏和行为策略的学者都表示过：即便是在校园当中，这些崭新的游乐区中，已经很少见到能够帮助激发孩子创造能力和加强智力、体力的必要特征了；相反地，这些特征却在公园、花园，以及任何贴近自然、有大量树木的地方得到了充分的体现。

总之，首先要保证孩子进行天性游戏的时间，同时还要保证有足够的能让孩子们充分开展自由活动的非特设场所。

理想的情况下，这样的场所应该位于户外，可以允许其中一部分区域是有设施的，但是一定要有大量的绿色植物，具备足够的自然和野生环境的特征。这些是比较关键的因素，除了绿色植物对健康的益处外，这些因素还能全方位促进孩子的感统能力发展，让孩子更快地适应各种环境。在公园中自由自在地玩耍，能够激发孩子的想象力，培养孩子应对突发状况的能力。总之，公园为孩子提供了一个理想的舞台，在这里没有既定的规矩，可以尽情创造、冒险，时而发生难以预料的事件，还能够锻炼孩子面临选择时的判断力。虽然仍在成人的关注和监督下，但是身处真实的自然环境中玩耍，孩子得以在合理的范围内获得与年龄相称的自主性和支配权。这种合理的自主性能够让孩子建立自尊心、获得成就感，让他们在独立处理问题时更加自信。

树木等绿色植物、公园和经过整理但不至于过于规整的花园，一星半点的野生自然环境，如果让孩子自己选择，他们往往会选择这些元素作为游戏的道具和场景，因为这些东西让他们觉得有趣、好玩。也许在潜意识中，他们知道什么样的环境更能广泛地为他们所用，就像我们前面说过的，在这样的环境中更容易开展天性游戏。仿佛在这里，他们能最大限度地成为他们自己。就好像一座成长训练馆，他们在这里练习成长。

另外，我们容易遇到一个难题：虽然我的孩子会主动选择到花园里去玩，但是很快就会觉得没意思，如果我带孩子到公园去玩，他们就在那里呆呆站着，不知道该干什么，然后开始抱怨。实际上，这样的现象很常见，要让孩子与大自然建立关系可不是一蹴而就的事情，最初的阶段我们得陪着他们一起，引导他们一步步贴近自然，尤其是当他们的经验还不那么丰富的时候。这正是科技先进的场馆带来的害处——在多重外界体验媒介的强刺激下，孩子已经变得过于依赖数码科技，他们习惯于长期处于他人或某物的引领下，一旦让他们脱离数码"保姆"而自己做决定时，他们就会不知所措。他们会说没意思，要离开，但实际上他们只是觉得没有办法自己作决定，这令他们很不开心。他们已经习惯了过度兴奋，习惯了接受不请自来的爆炸式感官刺激，他们只需要不假思索地被动接受就好。同时，他们失去了——或者说他们从来没有过——好奇力、创造力、选择力、规划力和自发力。荒谬的是，这似乎也不是什么严重问题——如果好奇、选择和规划已经不再是我们体力和智力发展中的基本能力的话。

岛屿消失了

总体来说，今天的孩子是这样的：

他们玩耍的时间减少了，而且是锐减；

他们玩耍的机会变少了，尤其是在户外玩耍的机会就更少了；

他们在户外自主进行天性游戏的机会变少了，也就是说，未经严格限制的户外游戏机会变少了；

他们在毫无规划的户外自然环境中自由自在地进行天性游戏的机会变少了……而且越来越少，孩子连如此进行游戏的可能性都在减少——树木等绿色植物和公园总是在离孩子居住地很远的地方，去那样的地方玩耍总是颇费周折，或者根本无法到那里去玩。

岛屿消失了。孩子更想去的是那些霓虹闪烁的游乐场，里面满是假城堡、假帆船、假飞船，穿着卡通装的人物，以及各式各样的游乐项目。除此之外，还有各种智能手机和电子屏幕、电影、游戏机和应用软件，以及层出不穷的虚拟现实技术。这一切也许看起来真的很有趣，很新鲜，很吸引人。当然了，它们就是要看上去有趣、新鲜、吸引人才行。但是，它们对感官产生了过度刺激，对幼儿来说，是有害而无益的。

问题是：对此，我们胆敢秉持“算了，世界就如此；这很让人难过，不过要是没有树林、公园的话，不让孩子开展天性游戏其实也没什么大不了的”这样的态度吗？或者说，我们其实正在令孩子失去某种真正重要的东西——对他们将会成为的大人来说也非常重要的东西，对整个人类来说又何尝不是！

这是“自然缺失症”吗?

如今采集到的数据倾向于后一种猜测。实际上，除了与自然的联系、与自然习惯性的接触、在树木和植物（以及动物）之间自由自在地游戏的愿望，还有一些东西在我们身上不知不觉地流逝，那就是让我们的身体和精神保持平衡的重要因素，同时也是孩子的生长发育过程中不可或缺的关键因素。

在生命的航船上，我们正在抛弃生存必需品，而留下了一大堆没用的压舱物。

甚至有人说，今天的孩子患了“自然缺失症”（nature-deficit disorder）。这话来自美国，在美国，人们总是喜欢把不好的现象夸张地叫作“××症”，尽管有时缺乏有效的临床和实验数据。但是在这里，这一说法的提出却是为了呼吁人们关注这一堪忧的现象，并作出反应。这个概念是由《林间最后的小孩：拯救自然缺失症儿童》一书的作者理查德·洛夫提出的，这部作品曾在美国国内外引起强烈反响，并被频繁引述，其理念被该领域研究者常常提起。

如果孩子极少光顾自然空间，就会患上这种假想症吗？“自然缺失症”说的是太少置身于公园、花园和绿色空间，就会对孩子的身体产生害处，因为这会导致孩子维生素、碘或其他关键元素的摄入不足。此外，这本书还讨论了类似术语的用法，是否应该用它们来阐述孩子与自然少之又少的联系。书中提到的理念具有普适性，其广泛影响证明了上述现象（译者注：即孩子与自然罕有接触这一现象）的存在，而且许多对此有所关注的人都认为，这不是什么好现象，是亟待解决的问题。这其中还包括一些公共管理和行政部门通过报告和公文表达出的忧虑。

后果 1：抽象而遥远的自然

如上所述，孩子游戏的时间变少了，无既定规则的游戏时间变少了，自然环境变少了，自愿、自在地到自然环境中去游戏的时间变少了，而对“外面”的恐惧和排斥却变多了，由此我们能得出的第一个结论就是，很多孩子正与自然“失联”，他们不再自由、自愿地去自然中玩耍，而在过去，孩子可以毫无阻力地在自然中构建一个自己的幻想天地，在家附近的城市绿化区中或者放假到乡下去玩时，他们可以用大把时间来享受天性游戏或有少量规划的游戏带来的快乐。

于是，对于孩子来说，自然很可能变成一种遥远、古怪、理论化的东西，他们对它没有直接认识，也不觉得亲昵。那棵树不就是街边普普通通的一棵树嘛，我透过关得好好的车后窗看到它；公园，我可不能去那种地方玩，可能因为我没时间，或者因为妈妈怕我在那儿遭遇什么不测，或者可能我根本就不想去，我都不知道到那儿能干什么。或者，更有甚者，“自然”就是亚马孙雨林，关于它我知道一切，但只是通过书本，我从没真的去了解森林——比如说，我从来没在厚厚的树叶堆上打过滚儿，也从来没让七星瓢虫在我手上散过步……自然？孩子对它根本没有什么具体的印象。自然就像一种抽象又遥远的存在，跟孩子没什么关系。为什么大人们会认为，孩子就不应该对环境和植物感兴趣呢？为什么政府总是让大人们去保护环境，或者改变自身的消费习惯、接受车辆限行的规定呢？

然而，气候和生态环境问题可能真的会变成我们的子孙后代不得不重视的问题，因为这关乎人类的生存，不管他们爱不爱自然环境，爱不爱去户外、公园、花园，爱不爱枯叶和甲虫。我们今天面对的是气候异常，世界气候大会已经就这个问题探讨了很多年；人们在这些会议上提出的解决方案虽然短期内看不到显著成效，但是从政策上指明了方向。地球人口数量已经上升到了令人惊讶的数字。粮食生产的可持续性却变得越发不稳定。人们的健康受到环境恶化的影响已经越来越显而易见，统计数据也越来越准确。未来的城市人口若对此无动于衷，对其重要性和将导致的后果毫无认知，仍不主动应对这些摆在眼前、火烧眉毛的现实，或者由于自身对此认识短浅所以只考虑浮皮潦草的解决方案……

那好吧，这就太糟糕了，尤其是对他们本身来说。

后果 2：身份、自我认知和归属感

能够有一个很近的游戏场所，不受约束，能够自己设计情节，这些对孩子的游戏来说都是非常重要的方面。有了它们，孩子就能在自己的世界中构建真正的故事，让小伙伴们都加入进来。我

们假设这是在度假地，有时候也可以有不同年龄的小伙伴。

这样看来，孩子游戏的最好地方莫过于花园、绿地或者绿化区：可能只有一棵特别的树，孩子会给它起个名字，常常来看它，或者是花园灌木中间围着的一小块空地。总之，对孩子来说，自然元素是他们游戏中非常重要的角色，这会让他们的游戏更充满趣味。这个地方要离生活场所够近，要在被允许自由活动的范围内，又得有一定的野生环境感。也就是说，要让孩子觉得这个地方有点距离、有点陌生，这样才能跟日常所处的环境不太一样，从而具有些许神秘感。这个地方最好能有点什么秘密可以让孩子自己去发现，孩子能在空闲时间（而现在他们的空闲时间所剩无几）经大人许可自愿前往。

于是，树木等植物、花园、公园，多种多样的自然元素，这全是对孩子非常重要的东西，因为这些能够帮助孩子构建自己的认知；这里让他知道自己喜欢身处什么样的地方，自己属于什么样的地方，自己是个什么样的人，而且他还可以做许许多多尝试。对地点和地形的感知能力是在孩子成长的过程中潜移默化地形成的（要培养这种能力，当然要拥有一定程度的探索自由），这也是孩子形成稳定完整的自我认知的关键。反之，如果不具备方位感，孩子可能就会表现出脆弱、缺乏安全感，从而导致其在成长过程中相对滞后。如果孩子的获取方位感的权利被简单粗暴地剥夺，甚至会引起心理障碍。这种获取对于孩子形成家庭认知也很重要，因为孩子总会在心中记得那些最重要、最难忘的地点——

而这些地点很多时候是由自然特征标注的。每年复活节野餐时去的地方，家门口的公园，度假村里的花园，圣诞节期间跟爷爷奶奶散步常走的路线。关于这些活动的记忆总是与那些地点紧密联系，而孩子正是通过这些活动，慢慢清楚了自己在整个家庭关系中的角色和地位。

对人类来说，树木和花园具有深远的情感意义，从孩提时起，它们的重要性就对一个人构建自我、理解自我、理解归属感和生命历程起到了至关重要的作用，一个从连年战火的中东地区逃亡的难民曾这样说：

> 在经过了长久的战争之后，我们……终于得以将 ISIS 赶出我们的城市。我回了家，去看看那里还剩下什么。当看到那里被掠夺一空时，我并没有哭。我很高兴我的亲人们还活着。但是，当我看到那些树木时，泪水却止不住地涌出来。ISIS 把我们那边所有的果树都烧光了。我从小就在那些树下玩耍，夏天的时候我还帮忙照料这些树。房屋可以重建，但是树却不能重生……[18]

后果 3：环境性缺陷，基本经验匮乏

就像成人和自然的关系一样，孩子和自然的关系也发生了变

18　选自《国际》（*L'internazionale*）2016 年 5 月号的一篇图片报道，作者奥利维耶·库格勒（Olivier Kugler）。

化，受到了侵蚀：可供玩耍的公园和花园越来越少了，而且也越来越难以抵达；空闲时间变少了，个人的自主性也随之变少了。简言之，“岛屿消失了”。消失的岛屿却让一个迫在眉睫的问题凸显了出来：孩子很可能缺失了关键的成长因素，它们被令人眼花缭乱的外界刺激、影响、体验取代了，而这些被取代的关键因素，对于孩子的成长和身心健康来说，都是至关重要甚至不可或缺的。

孩子的生活，与自然体验有着千丝万缕的潜在联系。无论是仅仅靠近一棵树等绿色植物（以及由树木和绿植营造出的更优美的环境），还是眼见、意念或是心想（在孩子的心理活动中，自然元素的角色是：想象、奇异、梦幻），乃至进行任何形式的与自然的互动活动（典型活动可能是在户外进行无既定规则的天性游戏）。

不过，在孩子心中，这些潜在体验究竟是什么样的呢？让孩子独自去玩耍，真的是一种正确、明智的做法吗？

与自然界的亲密接触，是数千年来人类的内在需求。不过，正像我们说过的，历史是变化的。当然有人会冷静地说，好，慢慢来，这就是人生，没什么能永恒；不同地方的孩子，游戏的方式也不同，或者有些地方的孩子根本不玩。有的人则认为，用一些活动来取代自然体验和户外天性游戏（也就是说在学校里，做有既定规则的活动，进行虚拟现实活动和操作所谓教育软件等活动变多了）对孩子来说更有用，能获得更多好处（这又扯上预期效益问题了）[19]。有些人认为，树木等绿色植物，无论是在城市还是乡村，其重要性都可以忽略不计，或者十分微小，而且问题根本不在于植物和树木。公园是不错，但是人流量太大了，这样的地方当然没法让孩子自己去玩。

住在一片绿树环绕的住宅区里，四周有很近的公园、花园，能用大量的时间来玩，定期到户外玩耍、在自然中形成直接自主体验，这一切对孩子来说意味着什么呢？……或者，恰恰相反，这些孩子都无法拥有？难道这些是负担吗？

当然不。这一切绝非无用。正相反，这些都是孩子生命中不可或缺的东西。

19　人们常常引述一些所谓为支持电子产品和教学软件正名的言论，然而最终科学研究令这些言论不攻自破——M. 施皮策尔。

城中漫步

那是一个春日的下午，在罗马的一座公园里。彼时的罗马并没有因良好的公共设施维护而受人瞩目，即便如此，这也是一座很美的公园。虽然草长得有些高，空中还有些纸片在随风飞舞，但是那里有玩具、滑梯、跷跷板，还有两边栽着栎树和柏树的林荫路……大片的土地上，分布着草地、松林、茂盛的葡萄树和灌木丛，还有一些坡地。那里甚至还有一个小型驯马场，一到某个时刻，小马就会跑出来，孩子可以骑上小马兜一圈。灿烂的阳光透过树叶间的缝隙洒下来，曲径通幽，路尽头的风景往往令人眼前一亮，那是大片洒满阳光的林间空地，抑或植物繁茂、神秘莫测的树林。一条小溪流淌而过，潺潺水声十分悦耳。车水马龙仿佛被隔绝在外，这里是另一番天地，尽管公园本身并不大，而且与熙熙攘攘的街道毗邻。公园里有一座小售货亭，人们可以到那里喝杯咖啡，坐在柏树下的桌旁，享受大树的荫庇。夫复何求？

一些孩子由家长或大人陪着，在公园中玩耍，玩得不亦乐乎。但是，跟百米开外礼堂前平整铺着沥青的广场比起来，这里就要冷清多了。那里喧闹嘈杂，熙熙攘攘，人声鼎沸，一片混乱。孩子四处跑着，骑着自行车、滑板车乱窜，或者把皮球抛得满天飞。还有的孩子只是站在那里。所有的大人、孩子，与那条车水马龙的大道只一条窄窄的路肩相隔。汽车和大货车随意停车，就停在离人很近的地方，甚至有时候还会停到广场上去。再往远一点，横亘着一座由水泥桥墩支撑的四车道高架桥，视线止于此。回头向另一侧看去，到处是楼房，混凝土的、砖砌的、石砌的、玻璃的、金属的，就连成排种在路边的树木都没有让它们变得柔美一些，而这些所剩无几的树木，生长在很狭窄的地方，其余的土地都被用来做停车场了。

但是很显然，许多人都爱带孩子到这里来玩。

我们前面说的这两个地方，步行只需要五分钟。

那我们来看一看，这个地方到底有什么优势，让人们作出如此选择。

停车方便：这方面因素可能没什么说服力，因为公园和礼堂这两个地方距离实在太近了。另外，在二者之间，还有一座非常大的地下停车场，对于来这两个地方游玩的人来说，停车便捷度是一样的。

路面铺设平整：孩子们可以在这里骑自行车、滑板车和玩滑板。这两个地方的平整路面面积差不多大。公园的平整路面总面积甚至可能还要更大一点，因为可以把空地和道路也算在内。

有滑梯、跷跷板等不同的器材：同样的器材在两个地方都能找到。可能公园里的器材还要更多一些。

有咖啡馆、可以休息的地方：这两个地方都有咖啡馆（公园的咖啡馆还在户外的树荫下设了桌子）。

丰富的植物种类、优美的风景、新鲜的空气：显而易见，并不需要过多解释。礼堂门前的广场边上就是街道和高架桥。但是绿色植物却少之又少。广场是铺着沥青的，没有阴凉处，四周都是楼房，夏天热、冬天冷。

结论：好吧，此题悬而未决。

第3章

孩子与树

对于我，花园足以满足所有的好奇心。这座美丽的花园是一片有魔力的土地，一座开满了花朵的丛林，其间游走着我前所未见的生灵。……所有这些发现令我满心欢喜，甚至情不自禁要与人分享，于是我急忙冲回家中去了。[20]

——杰拉尔德·达瑞尔 《我的家人和其他动物》

失去与自然的联系是件令人悲哀的事，尤其是对孩子来说。

公园中的花园、树林，其间的树木、花朵以及动物都能满足孩子的好奇心和想象力，这一切构成了一个奇妙而充满未知的世界。在这个世界中，他们能获得许多前所未有的发现，其中包括关于他们自身的发现，有的关于身体，有的关于心灵，还有的关

20 阿德尔菲出版社，米兰，1975（此段摘自第43页，第二章，《草莓粉色的房子》）。

于人际关系。不仅如此，这里还提供了许多有益孩子身心健康成长的环境条件。

生活中缺少树木等绿色植物及其他自然元素，从一个角度看，意味着人长期处于单一的人造环境中（例如城市环境），这种环境不宜人，虽然它的危害并不是直接作用于人的。从另一个角度看，这意味着人无法得到一系列官能协调发展必需的刺激和体验。

这种情况对孩子会产生非常严重的影响。因为孩子比大人多了一个关键要素：成长。

孩子的成长和成熟过程是不间断综合发生的。孩子不是小号的大人；孩子是有自身特质的生灵，孩子的身心发展是动态的，是循着复杂的人类发育规律一步接一步进行的。

由此可得：

孩子对成长过程中各种必要条件的匮乏或缺失具有高度的敏感性；

孩子更易受不良刺激的伤害；

发生不良后果的可能性更广泛。

不让孩子与树木等绿色植物及整个自然环境建立亲密的关系，比如自由自在地在户外进行天性游戏，并非只是让孩子生存于糟糕的环境中那么简单，更意味着这令其失去了健康成长的关键元素，在此种下的恶果将在其漫长的成长过程中逐渐显现出来。

深入根植：伺机破土

缺少植物的后果早在新生儿出世时甚至更早就已能感觉到了。

传说在古代中国，曾有专门针对孕早期女性的养胎机构，为妊娠期的女性提供安逸和舒适的环境，好让这些准妈妈保持心情愉悦，这样也能保证新生儿健康。这样的机构环境是安静、平和而放松的，其设计都是遵循中医理念的，其中绝少不了花园、树木等自然元素。在自然中凝思，无论是静处其中，还是漫步其间，都是“养胎疗法”的重要组成部分。

当然，如果这样的地方真的存在，肯定也仅是面向皇权贵族开放的。但是，这确是一个不错的想法——准妈妈生活在宜人的环境中，对将来生下的孩子产生了深远的影响。

人们从几千年的生活经验中总结出这一理念，但是正确的、经验证的知识却往往与迷信相混淆（如所谓的“草莓胎记”）。那么环境中树木等绿色植物的多少究竟能给新生儿的健康带来多大影响呢？要在妊娠期更多地受惠于自然因素，孕妇必须处于像国家公园那样广大的自然环境中，或者经常到城中公园里去散步，或者住宅小区中有更多植物才行吗？

很多人都有这样的疑问，其中包括在西班牙多所大学从事研究工作的戴旺德（Dadvand）教授和他的团队。2014 年，他们的一项研究对在同一时期、同一座城市中出生的超过 10 000 名新生儿进行了统计分析，结果显示，女性怀孕时所居住的住宅附近有绿色植物对胎儿的生长发育有着正向影响。

多项研究结果都支持这样一个事实：怀孕时居住地附近有更多树木、公园和花园的女性分娩时诞下的新生儿往往体重更大。也就是说，树木等绿色植物和其他自然因素能够降低妊娠和分娩风险，诸如早产、体重过轻等。而这正与古人所持的（特定地方具备）自然之力和繁衍、诞生之间存在密切联系的理念不谋而合。在拉齐奥大区圣林中的卢库斯费罗尼亚女神祭所中，考古学家发现了许多还愿物，其中为新生儿祈福成功后的还愿物尤其众多，这也许并非偶然。在那一带很多地方直到今天还在用“Bambocci”（意为“胖娃”）做地名。

要使绿色植物对新生儿产生正向影响，主要取决于准妈妈日常生活中要有大量绿色植物，然而准妈妈的社会层次不同，从事的职业和日常生活习惯也不同。有趣的是，在不同的社会阶层和经济水平的女性之中，那些处于劣势的女性反而更容易受到绿色植物的正向影响。一般来说，人口密集的住宅区往往绿色植物会更少一些，但是在这样的区域内，公园和花园对妈妈和新生儿的正向影响却被放大了——也可能因为对这一阶层的人们来说，城市绿化是他们接触自然的唯一途径。相反，如果缺少绿色，对妈妈和孩子的健康带来的坏处也会更容易被感知，但这恰恰是经常发生的现象。

注意，这是一种指向社会分化特殊形式的初步迹象，它与可接触的自然元素的多少相关，而关于这一点，我们在后面还将谈到。

环境污染对胚胎和新生儿造成的危害如今常见于各类报道，而且情况正变得越来越糟。2015 年，发表于法国《世界报》的一篇文章用了一个耸人听闻的标题:《环境恶化——未出世已被污染的新生儿》[21]。对于准妈妈和孩子来说，交通（汽车尾气和微尘）、工业（土壤和空气中的有毒物质排放）、杀虫剂（喷洒于农作物的有毒化学物质）是最主要的三个危险因素。但是人们仍会不断发现新的有害物质，有些是从前就有但其危险性没有被重视的。这些有害物质在环境中散播范围越来越广、数量越来越多，由此带来的危害可能极具破坏性。近年来，我们看到儿童健康问题甚至严重疾病发生率飞速上涨。当然，其中的影响因素很多，但在一众原因中有一种特别突出，那就是子宫中的胎儿和刚出生的新生儿会暴露在含有重金属（比如铅）、污染性气体和化合物的环境中。有毒物质干扰了人的新陈代谢和正常生命活动，中枢神经系统尤其易受破坏。

空气质量良好和其他环境指数（比如气温）适宜，会使母婴健康与生活环境中树木、花园及其他自然因素之间的关系更加密切。在下一章中，我们会看到更详细的数据，合理安置的绿色植物能够对很多与我们健康直接相关的环境因素起到决定性作用——比如，居住区空气中颗粒物少一些，肯定对我们的身心是有好处的。

21　*Environnement: les enfants naissent pre-pollués*，刊于《世界报》2015 年 10 月 1 日。

不过，对产前、产后的母婴健康来说，树木、公园和花园的作用并不只是改善环境。正如它们对我们的健康所产生的普遍影响一样，对分娩前后的母婴健康的影响也是一种很复杂的协同作用机制。多项研究将生活环境中绿色植物更多的产妇和新生儿与生活环境中绿色植物较少的这一群体进行了比照分析，结果显示，绿色植物不仅能对母婴健康产生正向影响，而且还能改善空气质量（车辆尾气造成的环境污染是影响的诸多因素之一）。因此，除了能够降低空气污染，树木等绿色植物还能不同程度地对人类健康产生直接的益处。比如，绿色植物和其他自然元素营造的空间会降低人的不安和焦虑感，身处如此环境的准妈妈待产时心境平和，健康也就因此受益。这种益处接下来我们将展开探讨。

树木与孩子的成长

一经诞生，孩子就开始成长了。

“成长”，按照字典里的解释，意思是“成熟长大”，也有“提升、进步、完善”的含义。没错，“成长”这个动词包罗万象，无论对树木还是孩子来说，都是如此。它的第一层含义显而易见，也就是“生长发育”，主要指外形上的变化——高度、重量、外貌等等。外表之下的部分也随之发展——人是一个动态发展的整体，身体上的变化、新陈代谢系统的变化、心理上的变化，都是处于不断变化中的，这种变化会随着遗传基因编码的程序和对环境的融合适应而持续地发生和发展。

成长如何发生，以及为什么它很重要

我们已经按照经典的方式对人的成长进行了界定，在研究人的儿童期和青春期各方面的学科中都是这样界定的，其中包括儿科、神经科、精神科、发展心理学。毫无疑问，成长是一个非常关键的概念。我们绝不仅是由 DNA 预先决定的结果，而是由许许多多的因素共同影响的结果。这些因素包括环境带给我们的刺激和体验，它们遍布我们四周为我们的成长和成熟带来重要影响，也受我们影响。成长环境中一些特定的条件在一定程度上决定着人成长的过程。

然而，当人们说起一个孩子成长的“环境”时，更多是谈孩子成长的家庭环境、社会环境，以及在这些环境中的生活经历；这两种环境当然都很重要，这毋庸置疑。但人们很少考虑物理学意义上的环境，比如海洋、天空、树木等绿色植物和其他自然元素，至多就是用只字片语，零星地提到一些相关的东西，比如气候或者在自然环境中进行的活动。这是一种片面的视角，也许这是人们与自然的疏远关系持续了太久所致，在这漫长的时期里，人们与树木等绿色植物，以及许多环境要素的接触都太少了。今天，这些要素在逐渐消失，自古以来环境和自然对人类健康和成长所起到的重要作用也日益凸显。

如果可以将孩子的成长看成是一个“官能生长发育的集合”，那么再扩展开来看，这个进程是在不同生长轴线上同时发生的多种现象的集合。人的成长包括身体生长、生理变化、运动能力、语言能力和智力的成熟等等。我们需要将成长中包含的这些方面分解来看，这可以帮助我们理解这一复杂的动态过程。但是我们不能忘记，这始终是一个综合的运动过程，是由持续的、互相作用、互相影响的活动共同构成的整体。就像一首交响乐，有不同的主题、不同的乐章和乐段。用这种分解方式看，会比较容易弄明白整首乐曲的构造是什么样的，怎样才能演奏它。但是，必须在所有这些构成部分共同作用的情况下，这个整体才可以称为交响乐。

还有一个要考虑的方面，那就是时间因素。成长是一种综合性的活动，是多个同时发生的进程的集合，它是在一段时间内发生的，而时间是一种持续变化的动态环境，是环环相扣、连续不断的发展演化过程。每一环都很重要，因为每一个发展阶段都是下一个发展阶段的基础，它对整个复杂活动和未来都会产生影响。六岁时的认知能力发展离不开两岁时的运动神经发展。在每一个年龄阶段，都有一些活动是比其他活动更重要的，一些挑战是要比其他挑战先战胜的，因为这是遵循严格的时间规律，按照成长的发展顺序一步一步进行的，有着十分明确的容差标准，不可逾越。如果特定目标没有在合理的时间内达成，就会导致一定的后果。有些微不足道，有些很轻微，有些则非常严重，但是一定会有后果。这个“合理的时间”就叫作发展窗口期。

动态进程，生长轴线，环境影响，时间因素……为什么要在成长、关于它的定义和规律上花费这么多笔墨？因为这让我们得以更好地理解，一个孩子在不同成长阶段遇到的那些刺激、体验和环境条件对他来说有多么重要。在孩子的成长过程中，它们是十分有用、不可或缺的要素。而这些环境要素很大程度上都与孩子和树木等绿色植物，乃至整个自然界的联系紧密相关。

案例：运动神经

树木等绿色植物及其他自然元素，这些因素加在一块儿对成长的很多方面都起着十分积极的影响。从身体发育的角度看，这些因素可以说能够起到辅助作用。前面我们提到过，科学研究已经发现这些因素对孕期妇女起到积极作用，也就是说早从胎儿期开始，这种影响就已经作用于孩子身上了，而且在出生后还可能会有持续下去。西班牙的一项研究显示，在不同年龄的被测儿童中，生活区内有大量树木和花园的孩子生长发育更协调。随着孩子成长，他们的头径、身高、体重变化曲线更流畅、合理（生长曲线能够帮助儿科医师更好地了解孩子的生长发育情况）。虽然有待定论，但这是一个很有意思的结果。在儿童发展的另一些特定方面，绿色植物的益处已经屡次被验证。

我们拿运动能力的成长来举例。从最初只具备基本的、几乎不可控的运动能力的婴儿，一直成长为能跑四百米障碍赛（从运动科学看这一点儿也不容易），能在座无虚席的剧院中演奏巴赫

《赋格曲》，或者沿着山路勇攀高峰的成人，这是个如此神奇的过程。究竟是怎么做到的？

我们需要把这种能力的发展想象成一个复杂的机制，它会慢慢生长，变得愈加复杂，与其他机制互相作用，最终成为一个不可分割的整体。孩子的运动模式原本非常简单，在成长的过程中，他不断地掌握更多的运动能力，从而能够根据自己的意愿完成越来越复杂的运动。最主要的是，他还学会了将这些运动能力结合起来，并使它们互相协调，从而利用它们来达到一定的目的，也就是说，他将运动能力与其他方面的能力和天赋结合起来，发展综合能力，比如语言能力、智力、思考力、记忆力。正如我们已经谈到的，这一切的发生有着既定的顺序，因为这是由人类的成长规律决定的；但是这一切的发生又是处于一定的环境背景下，这决定了孩子能够汲取哪些认知，获取哪些经验，这些对他的成长进程都会产生影响，这些影响或是促进性的，或是破坏性的。

有多项研究表明，与树木等绿色植物及其他自然元素接触更多的孩子，运动能力发展得更好。也就是说，在同龄的孩子中间，那些生活在绿色植物较多的区域的孩子，或者经常被带去公园和花园玩的孩子，运动能力发展要明显较其他孩子成熟。就读于“森林幼儿园”的幼儿，遭遇意外和事故的概率明显更低——因为他们使自己受伤的概率更低。这些孩子的运动能力和对所处环境的空间感受力都更强。

孩子的运动能力发展成熟度是高还是低并不是一个观念的问

题，就像其他成长参数一样，运动能力的发展程度是有客观的标准可作参照的，而且可以测试量化。一个两岁幼儿的行走和运动方式与四岁儿童不同，这很自然。运动能力的发展是明显呈阶梯式的，其中存在正常的个体差别，一个孩子的运动能力以哪种顺序发展是可以追溯的。

大体上看，生活中绿色元素更多的孩子表现出了明显优于同龄人的运动能力。他们更灵活，表现出更好的协调性和平衡性，行动更加敏捷，而且大动作和精细动作也更加精准。这种能力除了能为他自身所用以外，对他接下来完成越来越复杂的运动，并将运动能力和思考力与规划力衔接也有很大帮助。比如，在游戏、比赛、音乐，以及更广泛的活动上，他都可以运用这些能力探索、测试自己的身体与周围环境。但是，为何人类运动能力的发展会得益于树木等绿色植物及其他自然元素呢？

我们试想一下，一个幼小的孩童要锻炼和测试自己刚掌握不久的运动能力：行走、活动、攀爬、抓握。对一个孩子来说，自由地在花园中"自然"的土地上进行运动或活动，需要他持续控制自己的力量、协调性、平衡性，这样才能适应不规则、不可预见的空间——这里的土地不平整，还可能有各种障碍物，需要考虑草地上横七竖八的枝条等。也许从另一个角度看，枝条也是有趣的东西，因为孩子可能会停下来尝试用手抓住它。让孩子在草地上玩，并不是让他进行无谓的复杂活动，而是让他置身于能够锻炼自身能力和各方面技能的环境中，同时促进各方面能力的发展，仅仅是在一片平整光滑的地板上或是游乐中心的橡胶地上玩，是无法达到这个目的的。接下来，当活动变得更加复杂、运动能力发展得更加完善时，当他有了更清楚的目的、更多探索或愿望时，比如在我们前面提过的天性游戏中，这种能力还会起到更多作用。

这是我们第一次提到这一观点，但还将在后面反复提到：绿色植物、公园和花园对运动能力发展能够起到促进作用，也许就是因为它们的多样性、丰富性和（相对）不可预知性。它能带给孩子刺激和体验，能帮助孩子增强适应性，从而帮助运动系统发展成熟，但不仅限于此。而且，这一切都发生在一个本身就起到好作用的环境中，因为对较多接触自然元素的孩子来说，机体复杂的机制也会更好地运作。从改善环境质量到缓解不安和焦虑情绪，树木等绿色植物通过不同的方式作用于人，都对人的机体起到良好的作用。

自然与成长：广泛影响

对成长中的孩子来说，要面对的挑战当然不仅自如进行越加复杂的活动这一项，他同时还要发展许多能力和功能，包括身体、生理、神经思维、心理等诸多方面。它们彼此联系，互相影响，共同构成了机体的成熟进程。比如语言能力，它是除运动机能外最能体现发展水平的方面之一，也是人类所有机能中最重要的一种，除了起沟通作用以外，还是思维能力、逻辑能力、形成观念体系及精神世界等许多方面的基础。

在语言能力的发展方面，我们也看到了与运动机能类似的一种联系：经常在户外未经规划的自然环境中玩耍的孩子，语言水平和能力都明显较高。无论从语言的理解能力还是语言输出能力看都是如此。研究者的研究从不同层面展开，发现这些孩子的词汇量和句法结构非常丰富，叙述语句的复杂程度也很高。也就是说，较其他同龄孩子而言，与树木、公园和花园接触多的孩子语言理解能力和运用能力都更强、更完善，这是超越年龄发展阶段的。这不仅说明孩子的语言能力强，更意味着孩子能够在实际中运用这种能力，在与他人交往的过程中能够以更适宜的方式，更高效地说话和倾听。而且，与自然更亲近的孩子能进行更复杂的思维活动，这也是超越年龄发展阶段的。

孩子日常生活中树木、公园和花园的多少，同样还影响着孩子的许多其他思维活动。思考力、逻辑力、注意力、创造力、惊叹力、情绪控制力——具备这些能力，都是与绿色植物接触密切的孩子成长状况良好、发展发育良好的表现。

创造力和想象力是在孩子身上最凸显的特点，发明、幻想、“假装”，都是与幼儿创造力密切相关的思维活动，但它们实际上并不是孩子需要用到的能力。正相反，这两种能力是思维形成的基础，而且成人会以更复杂的方式运用它们，并结合两种与它们密切相关的情感：惊奇和欣喜。因此，在幼儿期发展、锻炼创造力和想象力是很重要的，在将来长大成人时，这种能力的影响会发挥作用。举例说明，好奇心是想要获取知识的愿望，它会给科学研究带来启发，会让人大胆尝试新颖的方案，它是具备成熟、训练有素的思维能力的体现。在人面对一个未知现象时，它让人能够在已经具备的科学知识和逻辑思维的基础上，运用想象力，最终寻得答案。

那些与自然环境密切接触的孩子，创造力和想象力的丰富性、完整性和复杂性往往更高，孩子在成长过程中常常身处有绿色植物的环境，这些方面的能力会得到很好的培养。此外，自然环境让孩子能更自由自在地游戏，也就能促进孩子的成长。人类对植物、树木和不同的生命形态具有与生俱来的亲近感，它们都会激发人的好奇心和兴趣，这种现象早在人还没受任何其他因素影响的幼儿期就出现了。长大也能够持续不断与自然环境密切接触的人，一生都会受惠于此，除了从审美层面上欣赏、享受身体和精神上的益处，还有助人思考和诠释非常复杂的事实。科学家卡洛·罗韦利（Carlo Rovelli）在《七堂极简物理课》（*Sette brevi lezioni di fisca*）中回忆了自己年轻时的经历：那是一个假日，他坐在沙滩上，把量子想象成眼前翻涌的海浪，那是他第一次悟到量子理论的奥义。

专注力似乎是与想象力风马牛不相及的一种思维能力，是要求比较苛刻的一种能力。显然，这是自然的另一个作用，是一个非常复杂而且非常关键的作用。专注力是稳定而成熟的思维活动的基础。事实上，专注力是执行力的一部分，是用来进行组织规划、配合协调（比如协调各种知识和环境信息）以及（行为）控制的能力。后面在探讨我们与树木等绿色植物的关系时，会重点聚焦专注力。因为专注力是自然环境对我们起到积极作用的途径之一。从儿童期开始就是这样，当孩子在自然环境中进行越来越多的活动时，往往需要其具备良好的专注力，能够集中精神、自我控制。

能够有选择性地完成一项任务，善始善终，不轻易分散注意力，但是保持良好的反应力；能够自我控制，不会下意识地对任何无关的外界刺激作出反应；能够在开始行动前对选择进行权衡，这对正在成长的孩子来说是非常重要的能力，能让他不会在很多事情上半途而废，最好地利用自己的智力和天赋去进行不同的活动。正像所有其他的能力一样，孩子的专注力也是逐渐发展的，需要从一点一滴中培养，然后学习越来越成熟地运用它。孩子应该具备这种能力，然而如今孩子（还有大人）的思维能力却十分成问题，也许是现代的生活方式扰乱了人们的思维活动。在西方社会中，人们出现的大量心理问题和心理疾病多多少少都与专注力问题直接相关。这已经变成了非常值得关注的一个问题，除了要弄明白这种现象是怎样产生的，还要确定哪些能够保护和利于专注力形成的因素，其中就包括与有绿色自然环境的接触。

我们前面谈过了运动能力、语言能力、创造力和专注力，这些都是这个话题中的关键问题，因为它们都是神经精神系统中的不同方面，都是成长进程中（以及成年后）的关键能力。需要说明的是，接触植物和自然环境对人的心理和生理产生的影响并不限于上述这些方面。针对这一课题进行的研究不胜枚举，其中还有很多研究是除上述方面外的其他方面：游戏力、学习力、智力等等。我们不应忘记，这些能力都不是互相孤立的，而是一个出奇复杂的整体系统中相互联系的不同方面——这个系统就是人。

最后，我们再举一个例子，这是一项针对儿童居住地附近的自然或接近自然的场所进行的研究，这样的场所通常被儿童当作他们心中“特别的地方”，会经常去玩，比如小花园、种着树的小院子、公园里无人问津的小角落。正如我们所料，研究显示，经常与这类环境接触的孩子成长得更快，专注力和观察力都更强，还有一个方面有所不同，那就是认知力。认知力包括自我认知、物理环境和社会环境认知以及内心深处的自我定位。熟悉这些离家很近、很容易抵达的自然环境，对孩子建立自我认知和自我定位是十分重要的。

游戏、情感、互动

运动能力、语言能力、思维能力、创造力……毫无疑问，在孩子的成长发展过程中，在未经规划的自然环境中进行大量户外活动甚至会让他们做游戏也做得更好。也就是说，相对于其所处的年龄阶段而言，他们会做更丰富、复杂的游戏，他们会提出更多好主意，所进行的活动和内容也不至于太分散。而这并不限于在户外或花园里游戏的时候，这些孩子在家里或者其他室内环境中游戏的时候也会表现出更强的游戏力。

我们反复说过，游戏是幼儿期非常重要的一种活动。不仅因为孩子通过游戏得到娱乐，更是因为游戏场就是他们的演练场，虽然他们没有完整意识，但是他们能够通过游戏很好地完成发现、试验和成长中乃至人生中关键能力的锻炼，同时他们还能实践自己刚刚学会的技能，并可能在这个过程中学会新的技能。我们已经看到了，在天性游戏这种十分完善的游戏中自然环境所起到的良好作用。因此，也许自然在人的生命中存在更广泛的作用，比如利于智力、运动能力，以及各种能力的发展，这些能力让孩子能完成更高级和复杂的游戏，而在游戏的过程中，孩子的这些能力又会得到锻炼，从而让孩子到达一个更高的水平。

比如，从运动能力的角度来看，通过游戏，孩子能发展出更复杂的运动模式，这些运动模式互相结合、协调，又能转化为效率更高的新模式。从“感情—情感”和人际关系的层面看，游戏就是一个象征性的舞台，在这个舞台上，孩子可以演习想象中的各种情境，有时甚至充满未知、有些吓人。他们还会联系、体会各种情感，有时是紧张，有时是惊喜，有时是无厘头，有时是危险，有时是恐怖。可以说，通过多变而复杂的游戏活动，孩子的情感发展会更加稳定。

除了能促进运动能力、创造力、想象力，游戏还对孩子的人际关系和社会交往起着重要的作用，尤其是对稍大一些的孩子来说。孩子通过游戏来演练人际关系，在一群同龄人之间，他要学会如何与他人相处，如何与他人协作，如何处理冲突。经常接触树木等绿色植物和花园的孩子往往具有更好的社交能力。不仅如此，自然环境往往能将一群孩子聚合起来，通过榜样、模仿、参与，那些能力较强的孩子会帮助那些能力较弱的孩子。人们观察到，在户外进行自由游戏的孩子主要处于三岁至十一二岁之间，主要集中于发展窗口期的年龄段，也就是成长过程中的敏感期。在这个时期孩子的成长可能突飞猛进，因为他们得到了必要的锻炼。

这一切当然要得益于在未经规划的自然环境中进行自由游戏的经历。也可以说，习惯于接触树木等绿色植物和花园的孩子成长于有利环境中，因此获益，其神经系统、心理状态和情感系统等很多方面都得到了很好的发展。绿色植物还可能对家长、对居民楼和整个社区的凝聚力产生好的影响，从而对孩子也产生了好的影响。

科学家在不同的城市住宅区进行了针对家庭流动性的研究，这些区域之间存在不同方面的差异性，比如，绿化的面积、距花园的远近、街区居民到公园去的频率，这些都会影响人的情绪和家庭凝聚力，因为这些因素都会降低家长的紧张情绪，减少怒气和攻击性。在人口密集、较贫困的街区中，这样的现象尤为明显。在这样的情况下，家长更为关注家庭生活，也更有能力调解和处理家庭纠纷。从社会交往的角度看，绿化面积更大、维护更好的住宅区，其中的居民压力也更小，邻里间更团结，冲突也更少。

住宅附近公园和其他的自然元素的存在，哪怕只是从自家窗口能看到的一点“绿色”，都对提升家庭的凝聚力、增进小区的邻里关系，甚至减少犯罪起着重要的作用。也许这是因为居民的心理和情绪受到影响，能够消减挫败感、焦虑、攻击性，以及其他负面情绪。这些作用在儿童身上尤其明显，住宅附近的绿色除了可以让孩子的情绪更平和、注意力更集中以外，还能够帮助他们发展两种极为重要的能力，分别叫作抗逆力和适应力——情感上抵抗灾难事件带来的负面影响的能力，以及以积极、有建设性的方式对状况作出反应的能力。

“绿色”的成长、更好地成长：智力

如果在儿童成长中，在许多大相径庭的特殊侧面，包括胚胎期的生长、运动能力、语言能力、专注力，以及创造力的发展，自然带来的各种体验都产生了积极的效果，那么在更普遍的机体功能，即各种天赋和能力的综合运用方面，效果又如何呢？

前面我们曾谈到过孩子游戏中的综合表现。学术界还针对自然元素对被我们惯常叫作“智力”的能力所发生的影响进行了专门研究。

事实上，这是一个非常难以一言以蔽之的概念，科学家们对它的定义争议不断，大家一直试图找到一个能涵盖其全部定义的词来界定它，但至今仍未找到。然而，主流观点将“智力”描述成人的思维所进行的全部复杂活动，其中需要运用认知能力和情感能力，在面对新的或未知的问题时表现为逻辑分析能力、理解能力和应对能力。从词源学的角度，我们能找到（意大利语中）

“智力（intelligenza）”一词的核心意义：它有着明确的拉丁语词源，指透过表象看本质、对一个事物意义进行深入理解的能力，或者在事物之间建立联系、将不同的元素联系起来理解的能力。

弄清楚“智力”作为词汇的含义，我们能看出，在一个孩子的成长中以及未来成为大人以后，“智力”所具有的重要性。人作为一个复杂的整体，由许许多多方面构成，智力也是许多因素综合作用的结果，其中包含许多先天因素，比如遗传基因，但是也有一些方面受到出生前后的后天因素影响，比如环境条件、营养摄入、合理促进因素等等。由基因带来的良好遗传是绝对的有利因素，但是对孩子的整个成长过程起到更关键作用的是他的成长环境、生活经历、受到的促进和影响。

说到这里，成长过程中周围有更多绿色，走出家门玩耍、在户外的自然环境中度过美好的时光，这些都对孩子的良好智力发育有着重要的作用。对树木等绿色植物和花园的接触可通过很多不同的方式：从由自家窗口方便、被动地看到一点绿色，或住在一个有着很多树木和小花园的住宅区，到更主动地进行自然体验，比如定期去公园，在上学、放学的路上走一条林荫小路，或者在学校中有一座课间可去的种着树木等植物的花园。认知能力的发展水平可以通过一定的方式和测试进行量化，其中生活中具备上述一种或几种条件的被试孩子测试结果更好。他们是更智慧、更聪明的孩子。

这一点在多项研究中都得到了证明。其中最新一项研究是科学家在 2015 年进行的。该研究的被试样本是西班牙不同城区中的小学生，研究者收集了这些孩子本人、家庭、经济状况、居住区域等方面的信息，然后在该学年定期将统一标准的智商测试问卷分发给所有被试样本。这种信息采集频率很重要，因为这可以测得同一孩子在较长一段时期内不同时间点的平均水平，其测试结果可靠程度更高。科研人员将采集到的信息进行分析后发现，不同被试孩子的结果差别很大，而且结果与被试样本生活中绿色植物的多少具有密切关联。

当然，得到一个结果，需要很多因素的共同作用才行。人们已经发现了环境污染对大脑发育会产生影响，对相关数据进行分析，也有助于了解空气质量对人的影响究竟有多么直接。分析结果显示，接触“绿色”更多的孩子能够呼吸到质量较优的空气，从而对智力产生好的作用，这是空气质量对儿童智力影响的最佳解释。空气污染对大脑发育会起到坏的影响，但是其中还存在很多偶然因素。能受惠于绿色植物，说明人身处一个比较好的环境条件下，对有毒物质和污染物的接触较少，还有呢？

人类的智力发育取决于遗传因素、发展因素、文化因素、社会因素，其中包含家庭和学校所能提供的促进作用、地域机遇、经济条件以及其他许多因素。这之中，也包括良好的空气以及有着树木等植物的自然环境的促进作用。当然，仅仅将一个孩子整日丢在树下并不意味着他就能获得过人的认知能力。但是可以说，在其他条件保持不变的情况下，与自然接触更多的孩子，无论是在城市还是在乡村，都表现出更高的智力水平和敏捷的头脑，他们反应更快，配合度也更高。换句话说，他们的发展更快，跟与自然元素接触较少的同龄人比起来更加成熟，至少从数据上看起来是这样的。

完美的促进作用综合体？

当然了，树木与自然和更完善、协调的成长之间的关联，是研究者长期反复研究的主题。近来，科学家们开始针对树木等绿色植物对儿童成长中诸多方面产生影响的成因进行探究。

更好的环境条件、更优质的空气条件让不利于成长的有害物质减少了吗？还是让更好的促进条件得到了满足？是树木和植物能够对人的心理产生直接的影响吗，比如降低焦虑、缓解压力，或者加强注意力？或者，还有其他因素对经常去公园或居住地附近绿化较好的孩子产生了良性影响，比如，他们的家长都更用心、更关注自己的孩子？也许这些都起了作用，还可能有其他我们没有注意到的因素也在起作用。树木等绿色植物及其他自然因素要产生这些良好效果，需要多种机制协同作用，然后根据不同的情况来发挥效力。

无论如何，在这些因素中，自然环境的多样性和变化性尤为重要。它的确提供了一系列良好的促进作用、体验和利于成长进程的环境条件。

且不说大大小小的花园、公园和绿化角是不是更好的环境条件，它们至少呈现出很强的多样性。它们不拘泥于中规中矩、毫无惊喜的人为规则，也不单调沉闷，花树虫鸟各有各的行为方式，置身其间，它们会带给人全然不同的感受，也呈现出千变万化的特点。也许，这些环境因素从生物学意义上满足了我们不同方面的需求，正是我们在不同阶段的成长过程中先后产生的需求。

这是启迪智慧的需求。在成长中，当我们面对经过变化、扩展，或者始料未及，甚至连想都没想过的刺激和要求时，我们能够利用自己的智慧更好地迎接挑战，最终找到创造性的解决方案，甚至从中学习和获得新的能力，这种智慧既包括身体动作，也包括抽象思维。正是这样的过程慢慢积累起来，促使我们更好地成长，成长为一个足够强大的人。

树木、学习和校园

树木、公园、花园，无论以哪种方法接触自然，都会对孩子和他们成长的进程起到许多好的作用，我们在后面的章节中还会介绍接触自然的方式。绿色植物对孩子的成长和各方面能力的培养都有良好的促进作用——包括认知能力、心理状态、人际关系、运动能力，甚至有人认为孩子的身体也会受惠。这种显著的影响体现在孩子生活的多个方面，其中自然包括在他们的日常生活中占很大比例的活动：校园生活和学习。

总的看起来，无论是住在绿化很好的区域、经常到公园或花园里玩，还是就读的学校里经常进行户外活动，都有着比校园学习和生活重要得多的意义。

在校园中，对不与学习直接相关的一些问题，树木等绿色植物、公园和花园似乎能以某种方式帮助孩子避免受到影响。就拿一些行为问题来说，居住区内绿化较好的孩子在学校违反纪律的发生率显著更低。可在自家花园中发挥创造力，或者哪怕只是在院子里有几棵树，都能降低孩子发生校园霸凌行为的概率。

自然因素对缓解学习压力、提高学习效率起到积极作用，这已是老生常谈。

多处于自然环境或者居住区内绿化较好的孩子，可能认知能力发展得更好，语言和感知力更成熟，观察力和创造力也更强，也就没什么好奇怪的了。因此我们有理由认为，在校园的学习活动中，这些孩子也可能竞争力更强。事实上，这些孩子的分析思维能力和抽象思维能力的确更强，而且逻辑思维也更灵活和高效。日常生活中有较多自然元素的孩子在完成分析和解决问题的任务时表现更佳，比如在数学的学习中。由于自然因素的影响有助于提高注意力，而专注力又能让孩子的自我控制能力、人际交往能力更强、更成熟，因此除了在学习方面的积极影响以外，自然因素能帮助孩子度过更加顺利快乐、丰富多彩的校园生活。

这些绿色植物带来的好处逃不过老师和教育者的眼睛。因此，更好的校园中会有更多的绿色植物和花园（而不是大片平整的水泥地面）——这样的学校里学生更出色、更专注，行为问题也更少一些。在课间安排多一些在自然环境中进行的户外活动也更好，或自由活动，或由老师带领进行的活动。在一项针对美国公立中学的研究中，按照计划，学生们进行了大量课时的户外活动，在随后的数学课和科学课上他们的表现十分出色。

有些学校甚至把贴近自然作为该校的办学理念。这就是“森林学校（Forest Schools）”运动。它既指一种将户外活动与传统教学活动融为一体的教育模式，也指那种完全建立在这一理念之上的学校——其中以幼儿园居多，但不限于幼儿园。

森林学校的教学理念将已获得认可和发展的教育理念（如瑞士教育家裴斯泰洛齐的教育理念）和新的提法相结合，形成了一种以户外活动和自然元素为主的教育框架。森林学校的办学宗旨是促进人的全面发展：个体能力、人际交往、具体技巧和抽象知识的和谐统一发展。学校培养学生解决问题的能力、团队协作的能力，还有个人的自主和自立能力。同时，为鼓励学生的好奇心和探索精神，学校抓住自然环境中树木等植物、动物、土地、天空等一切能够促进孩子发展的机会，为这种内容宽泛的教学方式创造条件，启发孩子思考一些特定的抽象问题。

20 世纪 20 年代，森林学校正式诞生于美国，在其后的三十年中，这种模式在斯堪的纳维亚地区广泛传播开来，随后蔓延到了德国和意大利。在一些地区，这种模式与公立学校教育系统相结合，而其余地区则以私立学校的形式存在。例如，在拉齐奥海岸的一座滨海小城中，有一所幼儿园，其中的孩子由老师陪着，每天都到花园或者附近的树林中去散步，老师鼓励孩子去亲手做实验，引导他们对周遭的环境产生好奇心和兴趣。然后，当他们回到教室时，就能对自己在户外见到的、做到的进行一番总结，从而产生新的好奇心，学到新的东西。

这种教学方法实在令人耳目一新。因为它不仅在泛泛的层面上关注自然元素的良性影响（即对运动能力、独立性、自主性、人际交往能力、心理状态平衡、创造力等方面），而且将探索的范围扩大到了教育层面。在德国有多家“林中幼儿园”，多项针对幼小衔接阶段的研究在这里展开。就读于森林学校的孩子一升入小学，就在阅读、写作、数学等方面表现卓越，成绩高出本班平均成绩。此外，这些孩子也属于格外活跃的学生，在教学活动中他们的参与度更高，提出更具建设性意义的问题，给课堂带来积极影响。

强大的内心寓于强健的体魄：树木与儿童健康

对孩子来说，绿色植物是生活中不可或缺的一部分。公园、花园，哪怕只有几棵树、几株草和其他零星自然元素的地方，都充满了利于孩子成长、加强身体和心理素质的关键要素。由于各种各样的原因，与自然接触更多、自然体验更丰富的孩子（比如居住地绿化较好、经常到公园里玩、校园中有花园，或者上学时接受大量户外教学的孩子……），其身体和心理各方面能力发展都更好、更强，而且对各种能力的运用也更自如。

总之，在生活中有更多树木等绿色植物和其他自然元素的孩子成长得更好。同理，他们的生活状态肯定也更好。

2006 年，在荷兰进行的几项针对绿色植物和都市化与人类健康的关联的研究发布了结果。通过对 345 000 个被试样本人生全程的观察，科学家发现，在绿化较好的区域居住的人，罹患疾病的种类和概率都显著降低。这种良性影响在几种样本群体中都尤为显著，其中一种是社会经济水平较差的人，另一种就是儿童。

逐步侵蚀

说起肥胖症、糖尿病、多种癌症，大家可能觉得都是中年病或老年病，或者至少是成年人才会得的病。然而现如今，在很多国家，以上这几种疾病还有其他的一些疾病在儿童身上的发病率都有所提升。这些国家多为工业发达国家，人民生活水平较高，卫生、医疗和教育条件都比较好，我们本认为这些国家的少年儿童健康状况更好。但是，在这些国家的儿童中，多种疾病和健康问题发生率增加，形势堪忧，很多病例都很罕见。哮喘、过敏、高血压，乃至前面提到的癌症、肥胖症、糖尿病；但是儿童的认知水平却急遽下降，甚至心智发育迟缓，还有多种神经精神发展障碍，心理问题和精神问题的发生率也在提高，这些问题中既包括生理层面的问题，也包括精神层面的问题。

西方孩子的健康状况正在被一步步侵蚀，这种现象无疑是由多种直接或间接原因综合作用形成的。几乎可以肯定，在多种多样的因素之中，自然因素当然也以各种方式施加着影响。儿童与自然的关系的变化对儿童健康恶化发挥着一定的作用。

这作用究竟是如何发挥的呢?

让我们来好好想一想，缺少与树木、公园、花园和绿化空间的接触，意味着大部分时间过多接触人造环境，而这种人造环境经常是已经恶化了、污染了的，其环境条件和环境刺激对人体机能产生的积极作用较少，甚至是有害的。从另一个角度看，它会引起一种缺乏：人对有更多绿色植物和自然的优美环境的缺乏，往大处看，缺乏新鲜的空气，或者缺乏强身健体的环境；往细处看，还缺乏那些仿佛并不起眼的因素，但是这些不起眼的因素却对人体的成长和整体健康状况产生着实实在在的影响。这些因素包括促进感官、认知、社交等方面的因素，关于这些我们在前面已经说过；此外还包括影响某些特殊的环境质量的因素，比如光环境、大气环境，乃至微生物群落。

环境中缺少绿色植物，缺少接触绿色植物的机会，缺少接触绿色植物的习惯，这意味着人无法受惠于自然环境带来的疗愈作用，或至少无法享用自然环境本身的好处；无论大人还是孩子，都是这样。而对孩子来说，这同时意味着，在成长的关键阶段不能够近距离接触绿色植物，无法接收环境带来的促进作用和良好条件，而这对孩子的成长有着各个层面上的重要影响，无论是生理功能，还是更高层的心理功能。

在幼儿的教育、新陈代谢、基础机体功能，尤其是免疫系统功能等方面，自然对于人的健康的最重要意义之一，恰在于其所扮演的角色。

儿童群体中哮喘、白血病、肥胖症、自身免疫性结肠炎等多种疾病发生率升高，令人们对其成因展开各种各样的猜想。我们在下一章中会看到，很多研究强调了在成长关键期环境中生物多样性的重要性。对于免疫系统的正常发展过程来说，幼儿应接触一定种类的有益菌，这样才能在成长过程中形成免疫战线。否则，免疫系统就不能正常运转，从而导致异常情况发生，这些异常状况又会进一步发展成种类众多的疾病。[22]

这些有益菌正是自然环境中微生物群落多样性的体现。因此，自然元素对健康的重要性就更大了。

---

22 这里要注意两点。第一点，此猜想中提到通过接触环境中的微生物群落来辅助免疫系统良性发展，但这里的免疫系统并不是对任何疾病都起作用，并不是说自然环境中的生物群有魔力。这里仅说明，如果在成长关键阶段合理接触一些种类的微生物群落，免疫系统的运行能够更加顺畅。得到加强的免疫系统能够更好地调节自身，更高效地应对有害菌和侵略性外来病菌。如果有害菌和侵略性外来病菌在体内长期繁衍，对我们来说就会形成威胁，有时候它们会获胜。第二点，不要认为环境中的微生物群就全是有益的：把危机四伏的大自然理想化，就跟完全相反的观点一样错误（与其相反的观念认为每一种细菌或病菌都有一定的毒性）。

案例 1：幼儿哮喘与城市中的树木

如果有人仍然对环境恶化和健康之间存在联系的可能性存有疑虑，那么他可以看看哮喘与患者年龄变化之间的关系。有些人认为，哮喘是常见的幼儿慢性疾病，这种病症不容小觑，因为它可能引起呼吸系统功能问题，并影响整体健康状况。从 1980 年到 2000 年之间，美国儿童哮喘发病率上涨了 50%。其中以城市人口中的贫弱群体更为多见，但是总体看来，这种疾病波及所有社会阶层。在意大利，儿童患哮喘的人数也直线上涨，此外还有多种过敏性疾病发病率也在增高。我们每个人身边几乎都有人患有此类疾病：子女、亲友家的孩子……说起这种疾病，经常有人把它叫作“花粉症”，所以大家都认为，对于这部分孩子来说，更好的环境是尽可能远离过敏原——也就是说，到寸草不生的地方去生活最好，离树木、草地和花园越远越好。

2008 年，一支来自纽约[23]的研究团队对儿童展开了研究，他们要弄清楚的是，哮喘这种已广泛见于各年龄人群的疾病与他们居住地附近的树木究竟是否存在关联。然后，如果这种关联确实存在，是否能为自然正名。于是，他们以不同区域的儿童和 15 岁以下青少年哮喘患者为被试样本，采集与树木相关的数据，确认被试样本生活周围有无特殊污染源（比如工厂），以及被试样本的社会经济水平。

23　继 2008 年洛沃希（Lovasi）及团队的著名研究之后，有许多项研究相继展开，比如洛沃希等人于 2013 年进行的一项最新研究。

结果显示，排除其他因素的影响，城市中树木的数量与哮喘发病率成反比。也就是说，树木越多，哮喘越少。

这个结果看上去耸人听闻吗？也许并没有那么耸人听闻。引起过敏性疾病的发病机制十分复杂，这些病症的病原因素也难以追溯。当然，是过敏原（也就是引起过敏的物质）在作祟，但是病症的起因首先是免疫系统紊乱，导致免疫系统错把作为“敌人”的有害物质当成了无害的“好人”。接着整个身心系统就跟着紊乱了。很多患有过敏症的人都承认，他们在压力大、精神紧张的时候更容易犯过敏症，这也说明，免疫系统、中枢神经系统、一些激素的分泌以及新陈代谢系统之间存在紧密的联系。这其中，环境影响也在发挥作用——比如一些有毒物质引起（内分泌、免疫）系统失衡，更恼人的是，它让本来不应该这么敏感的组织变得极其敏感。对哮喘来说，空气质量和大气中的有毒污染物的含量是最重要的两个影响因素，较差的空气质量会加重病情——我们在第 4 章会详细讲到，关于大气污染和呼吸系统疾病之间的关系已经有大量记录。

树木在城市中发挥的这种良性影响，可能主要通过改善空气质量的方式（也就是说，减少污染、减少浮尘、减少有害物质）以及其他有益身心的方式（比如减少压力）作用于人。我们还可以大胆猜猜，树木更多，对孩子来说意味着成长环境更优。最重要的是能够接触到更健康的生态系统，在这个生态系统中，树木等植物是关键元素，对人的免疫系统发展有着至关重要的作用。

并不是说，在城市的每条街道两旁都种上树，就能一下子解决成长期幼儿的哮喘问题。但是这对我们是一个非常清楚的提示：在解决这些严重问题时要重视自然环境因素的影响，为我们提供了一个可能的干预方向。我们应当尽最大的力量隔离致病原（过敏原），及时阻止引起的一系列反应（药物），或者远离疾病源头（花粉季节我就进山）。的确应该考虑问题的复杂性，而不是屈服于简单化的判断。但是，对生活环境做些改变也很重要，让生活环境尽可能优化。而这一点，与许多其他事情一样（比如消除污染源），意味着我们要种更多的树木。

案例 2：儿童肥胖症的奇怪案例

观察一下任何一座城市大街上、电影院里、海滩上的人。很多人都处于超重的状态，其中包括儿童和青少年；近些年，这样的现象还在持续增多。在意大利，我们的情况还没有像其他国家那么严重，但是不同时期与超重和肥胖的相关数据都令医生和儿科专家担忧。美国情况已经非常严重，有超过 50% 的儿童和青少年都存在超重或肥胖问题，造成他们超重或肥胖的原因各种各样，其中比较突出的是过于依赖科技的城市儿童的不健康饮食习惯和越来越高的久坐率。

胖瘦不仅是美丑的问题。因为媒体的宣扬，人们开始以瘦为佳，这样的看法当然是危险的，但是身材超过一定的标准，造成肥胖也不是什么好事。从病理学的角度讲，肥胖会对身体产生非常严重的危害。这种危害不单单是体重超标，还有新陈代谢的变化，而新陈代谢是健康身体的保障。肥胖问题产生的时间越早就越严重：体重超标的孩子实际上还处于生长发育的过程中，因此他们的身体还会经历很多成长和变化，这些成长和变化过程会受到过重体重的负面影响，引起发育早熟等问题。另外，在儿童期就有超重问题的孩子即便成人后也很难解决这个问题。因为这关乎组织结构的变化，这些儿童常常是因饮食习惯不健康导致了超重，这些习惯在成长过程中也难以改掉。

肥胖带来的后果不是单一的：肌肉骨骼、呼吸系统、肿瘤风险。此外还会引起很多与体重问题相关的不同程度、不同性质的心理问题。无论对个人、家庭还是卫生系统，健康问题都意味着更高的成本，因此大家都应该明白，这是一个很令人担忧的问题。

不过，与树木等绿色植物及其他自然元素有什么关系呢？因为这其中似乎存在关系：与绿色植物接触较多或者生活中较容易接触到自然的儿童，肥胖症发病率较低。

最明显的一点就是，绿色植物多的地方，人们就活动得多，尤其是在城市里。居住地离公共花园或公园不太远的人，也更有可能坚持锻炼身体，或进行真正的体育运动或简单地散步。这对于儿童和青少年来说也是一样的：比如，与小伙伴组成足球队，大家一起玩。但这并不是说必须有一座真真正正的公园，因为要建造一座公园并不是件容易的事情。只要小区的街边或广场上有树木、绿化区就已经很好了。确实，如果城市的街道和公共区域真的是如此呈现，那么环境就更加宜人，人们日常出行采取走路或骑行的可能性就会增加，更多儿童和青少年也会到户外玩耍或走路上学。这是对抗久坐的有效方法之一——跟那些对抗肥胖症的公益广告里说的一样。在现代世界，人们确实运动得少了，即便是日常最普遍的运动。而就超重问题来说，人们的运动量减少虽然不是唯一的原因，但也有着非常密切的关系。

因此，绿色植物对抗超重问题的方法，首先就是通过增加人们的运动量减少久坐。事实上，绿色植物还有其他作用，而且我们已经知道了。比如，树木、公园和花园对环境质量的良性影响：空气质量改善、污染降低、气候温和、噪声减少。这意味着毒物减少，造成内分泌紊乱的因素和有害物质减少，这些因素会影响成长，或者导致新陈代谢异常。另外，绿化和自然区域的增加意味着身心压力的来源减少，可以使人们的心态积极明朗，是城市中的生命绿洲。心理因素具有非常大的重要性，就像我们看到的，人居住和生活的地方有绿色植物的存在，或者有定期到绿化区域活动的习惯，能够让人更容易获得内心的平静和安宁；这会令人的情绪和自尊心得到改善和提升，更有能力去应对生活中的意外事件，对抗负面情绪。住宅周围绿色植物更多，家长能更关心、支持孩子。这些因素都能影响体重超标的复杂形成过程。

与之相提并论的还有前面讲过的几个成长方面：在儿童的生活中树木等绿色植物和其他自然元素越多，越能让孩子更好地发挥认知和人际功能。可以肯定的是，它能够帮助孩子找到办法使其免于进入肥胖症的恶性循环，或者获得从肥胖症的阴影里走出来的有效方法。

顺便说一句，绿色植物、其他自然元素都能影响一个非常小的化学分子，非常重要，就算不与体重问题直接相关，但是在身体的很多功能上都有着至关重要的作用。多在户外活动，对维生素 D 的吸收和代谢非常重要，维生素 D 可以通过食物获取，但是要让它被人体吸收利用，只有通过直接或间接晒太阳的方式才行。维生素 D 会影响钙质吸收，从而影响骨骼健康，这是人们久已有之的认识。最近的研究发现，它在其他生理机能方面还扮演着重要的角色，尤其是，它似乎对保证免疫系统运转良好有着很重要的作用。目前，不同国家的儿童和青少年在整个健康成长阶段都显示出维生素 D 在不同层面上发挥的作用，当然，由于现代人饮食习惯发生的变化，食物中所含的维生素 D 很少。同时，由于现代人过于依赖电子科技产品，导致生活中长时间在室内坐着，因此人体吸收的维生素 D 变得寥寥无几。

案例 3：糖尿病

在全世界多个国家的儿童和青少年中间，糖尿病也是发病越来越多的病症之一。

上述增长既包括由自身免疫问题引起的、多发于儿童和青少年的 1 型糖尿病，也包括过去认为多发于成人和老年人的 2 型糖尿病。

糖尿病是一种新陈代谢类疾病，患者血液中的葡萄糖含量过高，如果不及时治疗，就会很危险，导致多个器官的功能障碍和不可修复损伤。对于更常见的 2 型糖尿病，这种异常主要是由于身体细胞不响应信号，抑制胰岛素的分泌，而胰岛素是糖类代谢的关键激素。对一部分人来说，遗传因素是最大的致病风险，但是 2 型糖尿病与肥胖的关系很大，主要由于缺乏运动和饮食习惯导致。正如我们前面说过的，超重的儿童和青少年人数每年都在增长。因此造成未成年人中 2 型糖尿病发病率大幅增加，也就不足为怪了。

1 型糖尿病患者人数的增加原因比较难以确定。1 型糖尿病主要在儿童期发病，只占所有糖尿病患例的 5%~10%，但 1 型糖尿病在世界范围内也呈持续增长的趋势。在这种情况下，胰岛素分泌不足主要是因为特定的胰岛细胞受到自身免疫系统的抑制而无法生成，也就是说，由于不明原因，免疫系统将胰岛细胞当成外敌并将其消灭了。这时，糖尿病的发生就与肥胖无关了，1 型糖尿病的成因主要是遗传因素，同时还有相关的环境因素的重要影响。或许正是此病发病率上涨的现象引起了人们的忧虑。

人们生活在人工化程度越来越高的环境中，周围充斥着各种各样的人造产品（食物、包装、玩具……），孩子和青少年在整个成长过程中，无时无刻不受各种各样的有毒物、污染物、干扰激素的物质威胁，这些物质的数量和种类都在增多。缺乏对自然环境的贴近和熟悉是不利的，因为在自然环境中这些物质往往较少，这多亏了在其间繁衍生息的树木和植物。绿色植物更多的区域，与树木等植物、动物更紧密的关系，都能创造利于儿童成长的条件，这些能够为儿童成长提供有益的刺激和信息。如果不能让孩子的幼年时光处于丰富而均衡的生态系统中，将会对孩子产生很大的影响，因为这对免疫系统的发展有着重要的作用，而且其中的机制可能比我们目前了解的更加复杂和深远。

在两种类型的糖尿病的治疗方面，树木等绿色植物和其他自然元素都发挥着非常重要的作用。首先它们能让人们更积极地进行体育锻炼，其次它们还能帮助人们在心理上更加积极阳光。当然，人们应该采取专业的预防措施，听从医生的指导建议，但是加强运动也是应对这种疾病最基本的策略之一。体育锻炼能够促进心血管功能，帮助控制体重，对控制血糖也起到很重要的作用，尤其是对儿童而言。在户外的树林间，在公园或花园的自然环境下玩耍、做运动，能够让儿童和年轻人形成可爱的性格，保持自尊心，感受生命力，让情绪更好——心理因素对于像糖尿病这样的慢性病的治疗来说是非常重要的方面。

还有一点：也许树木和自然甚至能够对血糖水平产生直接影响。1980 年，在日本，一位医学研究者将他的一些糖尿病患者请上了大巴车，带他们去一座树林中散步。据他后来发表的论文中说，树林中的环境以某种方式引起了患者血糖水平的降低，而这比单纯靠体育运动来降糖效果好很多。

健康身心：成长的天性与心理

在各种各样的问题中，还有一个我们谈过的堪忧的增长现象，那就是神经疾病的增长，包括精神疾病和心理疾病：认知能力发展迟缓、多种成长障碍、ADHD（注意缺陷多动障碍）、紧张、抑郁以及其他一些心理问题。习惯了想象孩子是在尽情玩耍而无忧无虑的年龄，不容易接受儿童患上述疾病的可能性，但是这些心理问题却在儿童和青少年身上十分常见。尽管在不同的国家，由于统计和信息采集方法的差别，这项数据也各不相同，但据粗略估计，有 14% 的儿童和青少年被各种“心理类”问题困扰。是的，这并不仅是青春期问题，也涉及幼儿。

树木等绿色植物和心理问题：有效保护

绿色植物和自然在心理层面对儿童、青少年及成人均起到有效保护作用，这是迄今为止少有人提及的话题。在包括儿童和青少年的城市人口中，居住在有大量绿色植物的区域，或者经常有规律地与自然元素接触的人，出现心理和精神问题的风险明显较低，这一数据已经被多项研究结果证实。对于居住在农村地区的儿童来说也是一样，当然，这并不是说这部分人完全不可能在遭遇生活危机或者遇到较大困难的时候患上心理或精神疾病，但是普遍来讲，居住地附近有树木等绿色植物和自然区域，或者常常到对其具有特殊意义的自然区域去，都能够对人起到有效的保护作用。树木等植物和花园的存在，能够以某种方式减轻创伤性经历或巨大精神压力带给人的负面影响，也许是直接作用于身心、减轻心理压力，或者帮助改善人际关系和社会交往，因为它能帮助人培养面对困境的能力。

对于人成长过程中形成自尊心、自我意识和合理的自主性等方面，自然体验都有着重要的影响。它帮助人培养“感情—情感”功能并建立人际关系，哪怕是在游戏的过程中。也许，其中的益处也会影响到智力、思考力和分析能力，这些能力都有助于理解复杂的情况并作出合理的反应。还有，我们千万不能忽视树木等绿色植物和其他自然元素能够起到的治愈作用，它们能减少压力因素或创伤性经历带来的损伤，并帮助人积极应对和恢复。居住地附近绿化较好、经常到公园和花园去，或校园中有树木，以及开展户外教学可以经常有规律接触自然的儿童和青少年，由于外界原因或者内心创伤而经历人生困难期时，应对问题的能力更强，更能够从危机中自拔，充分利用自身资源积极作出反应。

也许这些作用并不十分明显，甚至很难界定，但是却不容忽视。几年前，在英国不同地区进行的一项研究中，研究人员对一些 7~14 岁青少年提问，问题是他们最喜欢去哪里激发自己的灵感、放松身心和休闲娱乐，为什么他们最喜欢去这个地方。让研究者惊讶的是，大部分回答都不是商业区或商场，而是距家不远的充满绿色植物和其他自然元素的地方：花园、公园、广场树荫下的座椅。他们最喜欢去这些地方的主要原因就是：那里的氛围平和、愉悦、安静；那里让人觉得自己与环境融为一体，不需要按照别人的意思做事，也不需要在别人面前伪装。

“超链接”和“没底牌”

事实上，现在的儿童和青少年生活的世界在几十年前是根本无法想象的，这里充满了各种新的机遇和新的隐患。到处都是科技，什么都可以通过互联网连接。正因如此，在众多问题中间，人们经常会提到“超链接”，指的是一种将虚拟和现实世界混淆不清的异常复杂的状况。这是一片汪洋，在此航行似乎轻而易举，人们只需要在屏幕上轻轻一点，就可以做到许多不可思议的事情。在这片汪洋中同时也潜藏着许多极具诱惑力的危险暗礁，首当其冲的就是与现实世界中的事物和人的疏离。

要在这片汪洋中平安航行，而不至于触到危险的暗礁，需要人具备成熟的“感情—情感”能力，要能够很好地控制自己，要具备完善的人际关系协调能力。但是这些正是儿童和青少年越来越难以获得的能力，今时今日的生活方式发生改变，生活节奏不断加快，对人的要求和普遍的观念也不再利于这种能力的培养。说到这里，一些数据就显得尤为值得玩味，在户外玩耍和经常自发接触绿色植物及其他自然元素的习惯能够帮助孩子加强自我控制能力，培养成熟的情感和社会交往能力，加强分析能力，增强自尊心、积极性，以及对自我的认知。面对人生挑战和困难时，这些精神品质往往是最有力的武器。与自然环境接触得越多，孩子就越能打好手中的“感情—情感”牌，他们能用最有效的办法，合理协调自己的心理世界，去面对自己遇到的挑战。

空闲太少，压力太多

因此，现代都市生活及其对人的要求和规定很难能为孩子成长过程中需要培养的能力创造有利条件，然而这些能力在孩子未来面对日渐复杂的境遇时，会发挥非常重要的作用。对很多孩子来说，真正的空闲时间正变得越来越少，不断被侵蚀。或许听上去有些可笑，但是孩子失去的正是真正值得关注的时间。孩子的空闲时间几乎都是经外部命令或规定的（比如我们上一章中提到过的通过外界媒介间接接收的体验，几乎已经主宰了孩子的空闲时间）；另外，孩子的空闲时间还受内心的制约，比如，由于越来越难以忍受未经安排的体验，越来越难以完成没有既定规则的目标或任务。

空闲时间概念的丧失，与许许多多其他学校要求的因素一起，再加上持续地对“效率”和“成功”的追求，孩子的生活正在变得越来越疯狂，越来越支离破碎，从一个活动匆匆忙忙赶场到另一个活动，逐渐变成了压力的源头。压力，我们经常认为它对我们的身心会产生作用，但我们对它还所知甚少，实际上它与我们整个机体的许多变化都息息相关。压力发出的很多信号和表现出的症状都很普遍，我们早晚会遇到，心动过速、紧张和疲惫、易怒、睡眠困难……应对紧急情况和突发事件时，压力有它的作用，但是如果压力持续过度存在，对健康就会形成威胁，其中也包括精神健康。

儿童也会有压力？这种说法似乎有点夸张，但是现如今这却成了一个常见的事实。它不易察觉，常常表现为某种身心失调，比如压力过大期间发生头痛或腹痛，课堂提问或考试时。现在的孩子和青少年似乎对树木等绿色植物及其他自然元素带来的放松心情和舒缓情绪的效果尤其受用。压力水平能够用一些心理学参数测量评估，比如血压或血液中皮质醇的水平，而当孩子哪怕远远看到绿色植物、花园或者公园时，这些参数都会迅速降低。同时典型的压力心理指数也随之降低，比如焦虑水平、抑郁水平和易怒水平。研究结果证实了，生活中的自然因素会帮助孩子在面对日常琐事时更有能力面对压力，孩子能够在压力影响健康之前找到缓解的策略。

焦虑、抑郁和 ADHD

那么，对于焦虑、抑郁等心理问题的情况又如何呢？似乎在世界各地的未成年人身上，这种问题的发生率也在增加。在发展中国家，人们的生活环境仍然不同程度地对焦虑和抑郁产生着不利影响，但是由于这些地方的城市化异常迅速，对压力、紧张、厌倦等心理问题的研究也不如发达国家充分，儿童和青少年中间也呈现出越来越多堪忧的现象。

对于问题根源的理论和假设有很多。临床医学辨认这些信号和对疾病进行诊断、预防的能力都在加强。由于人们的生活方式、家庭关系和人际关系的变化，来自社会的要求和压力过大，对未来的难以预期等等很多其他因素的影响不断积累，持续增加的压力可能会成为压死骆驼的最后一根稻草。但是这些问题的增加同时也与城市中大量人口与自然环境的疏离有着很大关系。且不说文化上的疏离，与自然的疏离首先就使人无法通过它来缓解压力和精神创伤带来的负面影响，以及在经历压力和精神创伤后的恢复和疗愈过程。

ADHD 是目前最典型常见的儿童心理问题之一，很多人都知道，这个缩写来自英文“Attention Deficit and Hyperactivity Disorder”。在近几十年，这个问题已经成了西方国家学龄儿童[24]的流行病（这种病症的诊断标准并不被所有人完全认同），虽然 ADHD 主要是成长障碍，但是已经变成了一个社会问题。学龄儿童中有 5%~8% 都被诊断患有这种病，诊疗方案中最主要的就是通过药物干预，而这些药物的药力往往都很强，是人们应该谨慎权衡的问题。无论如何，有一些大胆的研究（而且有些反潮流）测试了自然元素对 ADHD 患儿症状的影响。关于这项研究的结果我们会在第 5 章详细分析。

24　此数据由 CDC（疾病防控中心，Center for Disease Control and Prevention）提供，网络可查（2016 年）。该数据是就美国而言，美国的情况也代表许多其他国家，总的来说，这样的数量比例十分堪忧。

儿童与树木：藕断丝连

我们能从中学到什么？以下总结几点：

1. 多让孩子到户外去，尽可能多，尽可能以此为先；

2. 让孩子在户外活动，在公园、花园或至少在有植物等自然元素的地方，最好是没有人工设施或者只有极少量人工设施的地方；

3. 鼓励孩子进行天性游戏，可以独自玩或者与其他小朋友结伴玩，只要能够在符合年龄和地点特征的前提下，有充分的自由和自主性，培养他们自己为自己负责的意识；

4. 经常为孩子创造玩耍、探索和体验的机会，不通过任何媒介，既不依靠成人，也不依靠任何技术手段。不要怕孩子有时候会嫌烦——厌烦可能是孕育崭新探索和发现的沃土。

而且，不要把这些当成例外的活动，出门、去郊外、去公园，都应该是最寻常、甚至是习惯性的活动，在这个基础上可以增添一些较长时间的活动，比如到某个自然保护区参观游览。这样才能让孩子与自然产生真正且深入的接触，并使这种关系在孩子成长过程中发挥良性作用。

对居住地的选择很重要，虽然并不总是能做到，但是优先考虑周围有绿色植物比较好。对于生于斯长于斯的人来说，这有很重要的意义。因此，不要觉得为了城市中心的植物能得到良好的照顾和栽培，或者为了让植物少的地方多一些植物，这是对当地管理部门施加压力。植物不应该是奢侈品，而是必需品，从某种角度看，植物就像自来水一样重要。

当今世界把同时处理多项任务看作一种能力，为了在这样的时代获得真正的自由和效率，我们必须从培养多领域的能力、竞争力和认知开始做起。只有具备了这些，我们才能真正有选择在何时、以何种方式、运用何种能力的自由。只会不停点击屏幕和视觉输入，并不能让我们取得长足的进步，因为这样会在十分有限的范围内使我们的行动、选择和思维都受到局限。因此，让孩子有多种多样的体验、环境、人际关系、游戏方式真是太重要了，因为这可以让孩子能够在不同的境遇下找到应对的方式。有树木等绿色植物及其他自然元素的地方为孩子提供综合各种刺激和条件的环境，因此有利于孩子均衡和谐地成长。保证孩子的生活中有着丰富多彩的活动的同时，还要保证孩子有足够的户外空间来进行自由游戏，拥有各种各样的接触树木等绿色植物的机会，保障孩子在真正健康和有利的环境中成长。

我们与自然之间，确切地存在着紧密的联系。树木不光是起到装饰作用的东西，树木与我们互相作用，帮助我们从小到大更好地生活。树木通过不同的方式做到这一点，这种神奇的机制是由一系列同时发生、不同层面的协同作用构成的。对于其发生方式，我们才刚刚窥到冰山一角。

城中漫步：盛夏

此时城中正值盛夏，酷暑难当。炎炎夏日，空气凝滞，一出门便因袭来的暑热而却步，其后的每一步都走得十分艰难。别无他法，只能努力不去想。无处逃遁。街道仿佛大火炉，太阳高高挂在天上炙烤着大地，每一栋楼，每一条路，每一座广场和人行道都好像在散发着热气。到处都是嗡嗡作响的空调散热口，它们向街道喷吐出热气和潮气。几乎没有人会选择步行，步行的人也都会本能地选择在阴影中迂回地前行。四周的汽车紧闭门窗，汽车周围的空气更加灼热，滚烫的金属板、呼啸的发动机、喘息的空调。等候红灯的汽车宁可提前 20 米就停下，就为了停在树荫里，此时柏油马路上的那一点树荫就仿佛沙漠中的一片绿洲。

直到夜幕降临，热气仍未消散。时间很晚了，天很黑了，明月高悬，华灯初上，可城市却仿佛比之前更热了。骑摩托车出行也不怎么可取，因为即便戴着最轻薄的头盔也会很热。冰激凌带来的凉爽转瞬即逝。很快人就会再次感到燥热难耐。怎么办？

似乎无处逃遁。我们垂头丧气、蔫头耷脑地踏上回家的路，尽量不去想等着我们的将是多么难以入眠的晚上。大路一直向前延伸，路两旁亮着点点灯光。这是我们驾轻就熟的路，开车的时候我们甚至不需要思考，就像马儿回栏那么轻松。红灯时，我们刹车停下。突然间，啊，沁人心脾的空气。深呼吸，好像我们又重新获得了思考的能力。身体的每一个细胞都在高呼万岁，舒展开来，智识之闸打开，再也无须挣扎——可以的！在闷热空气的笼罩下，那清爽的 150 米就好像世外桃源，然而一拐过转角，我们就又回到闷热中了。花园的栅栏从视野中消失了，重新又代之以楼房，就好像一记耳光把我们打回了炎热之中，无法释怀。

快回去，赶快，回到那儿去！这个夜晚剩下的时间，我们就像扑火的飞蛾，不停地绕着公园、庭院和花园打转，只为了能得到一丝清凉。

第 4 章

空气的现状和绿色的肺：生态系统功能

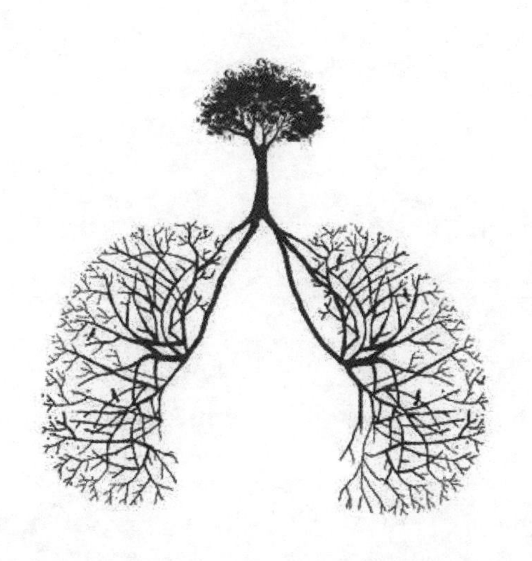

为什么要砍掉这些山毛榉？

它们是安宁的捍卫者，

安宁，难道不是心灵的最佳状态吗？

——简威廉·范·德·韦特林 《喋喋不休的老鼠》

空气、水、气候……这是能用来衡量我们居住地的一些环境特质；环境参数的构成各不相同，强度、力度都决定了不同的参数值。这其中甚至包括安静和嘈杂，如今我们谈起环境中的声音，就像谈起环境中的空气质量一样，人们对噪声污染危害的意识越来越强。我们可以通过自身的感官及感受来获知噪声的多少，噪声常常让我们无法集中注意力。噪声水平对我们产生影响，同时也能体现树木等绿色植物及其他自然元素的作用。

有环境关照我呢？

为什么环境会关照我们？任何一本字典都会为这个问题提供一个很好的解释。比如："环境：……1. 由其所有生物、化学、物理特质构成的能够允许生物生命存续的周围空间整体。……"[25]

我之所以在此处引用这一定义，是因为其中包含的"环境"一词两个层面的含义互相补充，令我觉得有趣。第一个含义是外在的形式：很简单，我的环境就是我周围的空间整体。但是这个义项同时也提到，环境是包括一系列特质的，正是这些特质令包括我们在内的生物体的生命得以存续，其中包括空气、气温、水的形态（和质量）、土壤和地表的性质，是否含有有毒物质，共存的其他生物体，等等。总之，是环境中的一切参数。

我们经常只停留在第一个层面上，或者说，我们有时候比这还局限地认为"环境"只是自然或野生环境。因此，我们很容易相信，"环境"不是个特别重要或者寻常的事情。实际上，很多人认为环境就是大自然，因此是个很抽象、很遥远的东西。它是假期去游览的国家公园，是一个风景优美但是与生活无关的地方，肯定不是我们家后院的花园。在学校里，我们会在介

25　德沃托－奥利，意大利语词典，勒莫尼耶出版社，佛罗伦萨，2001。

绍生态知识的课堂上谈到环境，但那是生态学家考虑的事，而生态学家常让人觉得有点痴迷、夸张（确实有些人是这样，会用一些观点来吓唬人，但是实际上，这些观点可能源自他们认真严谨的研究，而且真的会影响到我们所有人的生活）。细心的人会认为环境会照顾我们，而且是主动热心[26]地照顾我们，虽然经常这只是作为一种概念，而不是真实的状况。当我们身处远方的田野时，会想，真可恶，燕子都不见了，我们从前很喜欢燕子的，很显然，它们如今已经不像我们小时候那样飞来飞去了。可是，我们一回到家就不再想这些事情，转而为要缴纳采暖费纠结不止。

事实上，我们所有的人都无时无刻不置身于我们的环境中。看看四周吧。周遭的空间：无论是乡村还是城市，无论是绿色的还是水泥灰色的，无论是天然构造还是人工构造，无论其特征如何（空气、土地、水、温度……），无论其他生物——其他的人类、动物、植物和微生物住在哪里，我们就生活在这里。无论这里的环境是丰饶还是贫瘠，是繁荣还是萧条，生态是平衡还是退化，抑或已中毒。天然与人工，总是一半一半。一旦明白了这一点，我们的观点就会发生很大变化。

因为在我生活的环境中，我会活动、与我的同类互动，等等。

26 有时候会有点疯癫（不过这是另外一回事了）。甚至有些人通过饮食行为和饮食方式来表达对自然有知的敬畏，但是这正体现了人类与自然的疏离，因为这种观念的基础是认为环境是持有极端偏见的，是被理想化和抽象化的。

我饮这里的水，我呼吸这里的空气，如果水和空气的质量很纯净，那就太好了，因为我摄入的分子会对我身体的新陈代谢产生影响。我得习惯这里的气候。这里是热还是冷？无论答案如何，我的身体都会找到适应的方法。太阳烘烤我，雨水浇灌我（有的时候雨水浇灌得太多，会造成塞车）。事实上，我的环境，就是每当我走出家门时映入眼帘、置身其中的一切，严格说来，就连我的家也包括在内。它无时无刻、无微不至地关照着我，每一次呼吸，每走一步，它都感染着我、影响着我。因此，关注它、确保它的每一个特质都尽可能地有利于我的生活，对我来说就变得至关重要、十万火急。

环境中有一些条件对生命（及其协调的状态，我们称之为健康）是有好处的；一些条件对生命没有好处，但是生命可以竭尽所能（会消耗很多能量）去适应它，并引起一系列后果；还有一些条件是对生命特别不好的，可直接产生毒性和损害。问题是，环境中不只有人类在生存，而其条件也经常会有不利于人类生存的。人类的生活水平在进步，这是无可争议的事实，与此同时，现代的生活方式和经济状况也对环境条件产生着深远的影响。这不可避免地直接或间接地影响我们自身，影响我们的身体和心理，据最新分析显示，会影响我们的健康。

难以协调的都市环境

城市是一个典型的例子：这是一半世界人口繁衍生息的环境，而且这个人数还在持续增长。今天的城市是一个巨大而复杂的人工环境，其中运行的许多机制都会给环境带来不利后果。失控的城市化进程、工业污染和化学物质的排放、汽车、过度开垦的耕地。人类想要利用一切条件，创造更好的生活。但这一切条件，都是大自然给予的。

在这一章中，我们会看到，城市中的树木等绿色植物和花园，连同那些自然环境、野生保护区，是如何在一定程度上帮助我们对抗和缓解、有时甚至是逆转环境恶化，从而保持或重新建立有利、和谐的环境条件，构成对人类健康和生存至关重要的环境。从这个意义上讲，树木等绿色植物可以说是我们赖以生存的生态系统的坚实捍卫者，为保护优质、丰饶、平衡的生态环境做出了巨大的贡献，或者说，至少它们能让环境离有害因素远一些。一些专家认为，在城市中，树木等绿色植物可能是唯一真正能够降低城市系统中的熵的因素。[27]

树木和自然环境的功能，在英语中一向被认为并被描述为“生态系统服务”（Ecosystem Services）。经统计，每年树木及其

27　不久前发表的一篇文章是这一观点的有力佐证，文章题为《钱包里的树：智慧城市与环保实践》，作者是弗朗切斯科·费里尼（Francesco Ferrini），刊于《24 小时太阳报》周日版，2017 年 5 月 17 日。

他自然元素提供的生态系统服务都会为人类健康贡献 71.8 万亿美元，是世界生产总值的 2 倍。

巴巴爸爸的寓言

我小时候，《巴巴爸爸》是每个小孩都耳熟能详的故事。主人公巴巴爸爸、巴巴妈妈和他们的子女经过一番波折，终于找到了他们梦寐以求的家。与其说找到，不如说是他们自己建了一个家，他们把家建在了郊外的野生环境中，由几个圆球形模块构成，正好适合奇形怪状的巴巴一家住，自然，他们的家外面环绕着美丽的花园，整栋房子与环境完美融为一体。这时，一个由推土机和挖掘机组成的讨厌的拆迁队来了。城市不断地扩张，楼宇、街道、停车场和购物中心越来越多，到处都是垃圾。在柏油马路和缭绕的雾霾之中，巴巴一家的房子成了唯一的绿洲。这里也成了“生命的方舟”，由于栖息地遭到破坏，很多动物不得不逃出来，于是逃到了巴巴爸爸这里。昔日清澈的溪水如今污水涌动，甚至有一头奄奄一息的鲸从那里游了过来，巴巴一家决定不再忍气吞声，他们建造了一艘太空船，所有的动物都乘着太空船飞走了，他们要去寻找一个没被居民们毁掉的完好星球。最终，他们找到了，并在那里安居下来。

此时，在地球上，人们建造的大都市越来越拥挤，到处都灰扑扑的，交通堵塞日益严重，环境污染愈演愈烈。空气中散发着恶臭，人们每天早上出门前不得不戴上防毒面罩，然而大家对此都已经麻木了。尽管人们的汽车功能应有尽有，就像科幻小说中的那样，而且防毒面罩也样式讨喜、种类繁多，然而在面罩下的却是人们一张张难过的脸。人们难过极了。直到有一天，大家才幡然醒悟。

人们拆掉了大楼，开放了空间，建造了更加宜人的住所。推土机、挖掘机、拆迁队最终进行了一项让人尊敬的工程任务，大家最后都笑了，他们再也不那么讨厌了。人们安装了净化器，轨道交通线路遍布各处，交通高速顺畅，垃圾处理方式也很巧妙。栽种了上百万棵树木。大家将防毒面罩丢在分类回收箱里，或者捐献给博物馆作为永远的纪念。

巴巴爸爸一家在他们定居的星球上看到了地球旧貌换新颜，地球再也不是那个雾霾弥漫、被灰色笼罩的星球了，它变得绿意盎然、清澈蔚蓝。于是，他们便决定回到地球上来。

当然，这只是个写给孩子的童话故事，但是它更像一则寓言（这本书 1971 年出版）。事实上，在今天世界的很多地方，我们都能看到《巴巴爸爸》里讲到的情况。虽然我们还没戴防毒面罩（除了一些在城市里骑行的人），但是也差不多了。我们正生活在一个污染越来越严重的环境中，这个环境对健康十分不利，甚至有毒，然而我们还要承受环境中的各种变化和失衡。

流动的空气和“绿肺”

每年，全世界有130万人死于城市空气污染（其实还应该加上住宅内部污染物危害致死的人数，但是为了不让问题太复杂，暂且如此），这是世界卫生组织发布的数据。不过这是2013年的数据，不幸的是，同样是世卫组织，在一份近期的报告中，这个数字出现了暴增（330万人）。单在美国，每年就有64 000人死于上述原因。在欧洲，近期的报纸和媒体都指出了一个非常严重且堪忧的问题，至于一些经济飞速发展国家的情况，也值得我们关注。无论如何，总的说来，污染问题[28]在新兴国家、社会经济阶层处于中低水平的人群中更严重。不过，由于各种各样的原因，儿童总是最容易受伤害的。

然而，在全世界范围内，我们还是没能让自己呼吸的空气中污染物少一点。

空气的现状

生活在城市中的人很难不注意到这个现象。在一些日子里，当我们出门的时候，有绿化的小区里和市中心的空气之间的区别，是鼻子能真切感受到的。沿着一些街道步行是令人十分不悦的体验，我说的不仅是高架桥，也是市中心的街道，因为车辆实

28 想想那些令人触目惊心的雾霾照吧。

在太多了。我们会闻到非常难闻的气味，当然，很多时候还有其他的——对高架路的厌恶和怒气，因为那些道路带给我们更多毒气和废物。

我们先回头看一下字典，“污染：有害或有毒物质存在或释放到环境中”。也就是说，在地球大气中闯入了其他物质，这些物质确实是对人有害或非常有害（大气本来构成成分应该是固定的：氮气、氧气、少量二氧化碳中的碳或二恶烷、氩气，以及其他气体）。

只有极少数的情况，环境污染才是由自然现象（比如火山）引起的，今天，主要的污染源是工业，以及大量的煤炭燃烧（了解一下碳、石油以及它们的来源），其中包括交通工具的排放，以及为人类其他活动提供的能量。

“污染”通常包含各种有害或有毒物质。毫无疑问，其中有废气，但并不仅仅是废气。对我们来说，危害最大的污染往往是燃料燃烧过程[29]中产生的微粒，它由臭名昭著的细颗粒物（其中 $PM_{2.5}$ 最著名，几乎能在所有关于空气质量的报告中见到）构成。顾名思义，细颗粒物是颗粒，也就是固体物质，而不是气体，但是它非常非常细小，以至于一直漂浮在空气中。空气中漂浮着大量细颗粒物。污染气体也有很多种：比如二氧化氮（NO_2）。二氧化氮排放到空气中会变成臭氧，也是一种对人有害的物质。还有

29　发动机、工业、供暖，等等。

致命的一氧化碳（CO），它进入血液后无法溶于血红蛋白分子，因此无法转变为氧气。[30] 还有二氧化硫、氯气和氟化氢等。一旦超出一定的限度，二氧化碳（CO_2）也会成为污染物。现在我们空气中的二氧化碳含量越来越高，这是很危险的，因为酸性环境会破坏很多种平衡，而且二氧化碳是引起如今愈演愈烈的气候变化的主要气体之一。

最后但并非不重要的是，污染物中还包含一系列重金属（其中臭名昭著的要数铅了），此外还有一些明确被叫作“有毒大气污染物”的物质，也就是明确可致癌、诱变，以及有毒的物质，且可能性很高。

这其中包括汽油、四氯乙烯、氯甲烷、过氧乙酰硝酸、酯等等。光是写满污染物的名字就足够给大家拉起警报了。

糟糕的机制

关于死亡的数据似乎已经说明了一切。世界卫生组织的一份报告显示，在欧洲，死于尾气排放污染的人数甚至要高于死于车祸的人数。为什么？我们呼吸被污染的空气时究竟发生了什么？

提起恶劣的空气质量，我们首先想到的就是呼吸系统，我们终其一生呼吸交替，将空气吸入、呼出。因此，污染物带来的最

30 我们经常说炉子燃烧不充分会冒烟，多半说的就是一氧化碳。

直接的危害就作用于我们的呼吸系统（但实际上，污染的危害也作用于我们身体的许多其他器官）。呼吸系统主要包括肺和被我们称为支气管的器官[31]：气管、主支气管和一层层越来越细小的分支气管，将空气直接输送给肺泡，再分解出氧气送入血液中，排出我们新陈代谢的二氧化碳。

污染物直接作用于支气管和肺泡表面的细胞，危及它们的功能：这是一系列连锁反应，我们的呼吸正依赖于它们的功能。

那么当这些细胞遭到危害时会怎样呢？首先就是影响黏膜清洁，黏膜是呼吸系统的重要防御武器，正常来讲，黏膜的任务是清除和排出废物和空气中的危险物（细菌、灰尘、烟）。防御力降低，意味着更易感，刺激性物质、有毒物质还有许多无法阻挡和中和的有害物质，就会很轻易到达器官，从而产生危害。其次，如果长期严重暴露于污染物之中，就会导致慢性炎症。黏膜长期受损、感染、过度活动、极度敏感，这就会产生许多症状，比如黏膜分泌物过量、咳嗽、支气管受迫、呼吸困难。总之，细胞受损、组织受损、炎症，会改变细胞膜的渗透作用。这将影响空气和血液中的养分交换平衡，血液中的氧减少，也就没法释放足够的二氧化碳。一旦血氧不足，要让机体各部分得到足够的氧，心脏就要花更大力气。不仅如此，渗透性的改变意味着过滤防御机制失效。一方面，像我们刚刚说过的，一些（氧气与二氧化碳）

31　支气管系统就像自然界中许多生物构造一样，呈几何分形模式。从形状上看，支气管系统与树冠的形态一样。

交换作用会放缓；另一方面，有些交换却在加速发生。事实上，在后一种情况下，一些身体不想要的物质会进入血液，正常情况下，这些物质应该被挡在蜂窝组织以外。[32]

总的来说，这些损坏都是暂时性的。污染结束，支气管和肺部又能重新恢复。但是存在一个限度：组织的变化是不可逆的。人总是处于恢复的状态中，那么等到下一次这种情况发生时，人体就可能不再像上一次那样具备足够的复原力了。过于严重的污染会成为导致人体免疫力下降的元凶之一。这正是现在生活在城市中的孩子（也包括成人）总是咳嗽、伤风、流感的一大原因。

孩子和雾霾

呼吸系统疾病（以及心脏问题）与空气污染有关。患病人数、住院人数、死亡人数都在增加。不幸的是，孩子尤其易感，有如下几点原因：首先，孩子的呼吸系统本身从构造上来说，对这些有害物质更敏感。其次，孩子的呼吸频率要高于成人，平均活动量也更大，他们呼吸得更快。在同样的时间里，他们吸入的污染物与体重的比例要比我们大得多。最后，孩子的身材更矮小，因此在他们所处的高度上可能吸入更多的污染物，因为在那样的高

32　值得注意的是，这里说的身体不想要的物质不仅指可能带有毒性的物质，还指那些本身无害，但是会留在血液中不恰当位置的物质，这些物质会导致体质变得易过敏。

度上，空气中危害程度更高的污染物密度更大。

急性呼吸系统疾病、呼吸系统并发症、支气管肺炎，这些都常见于儿童，也都与空气污染有关。在孩子身上，这些问题的影响会持续更久，而且存在永久性肺功能损伤的风险。1996 年的一项研究显示，在雾霾红色预警期间，医院中因呼吸系统疾病住院的儿童患者人数是以往的 3 倍，而成人患者的人数则“仅仅”增长了 40%。空气污染也是导致儿童死亡率上涨的原因之一，尤其是在严重污染的时候。总之，对孩子来说，呼吸污染的空气尤为有害。

我们就以儿童哮喘为例，在发达国家，这种疾病的发病率在 1980—1990 年间呈直线上涨。从药品的消费数据上可见一斑：1990 年，美国成人和儿童哮喘药品的消费金额达到 62 亿美元。哮喘是一种很严重的疾病，它严重影响儿童的生活质量，有时候甚至危及生命。而且，这种疾病的成因十分复杂，与空气质量以及污染物的多少有密切关系。这可不是闹着玩的，事关重大。

还有，孕妇所呼吸空气中的污染物会进入胎盘，当然这也取决于污染物的种类、密度和孕妇的肺功能状态。与成人相较，胎儿的机体较脆弱，对于孕妇来说不明显的危害，对胎儿有可能达到致命的程度。引用一个我们之前说过的例子，铅对胎儿（婴儿）的危害是众所周知的，铅中毒会引起大脑发育迟缓，影响认知功能，正是由于这个原因，现在的汽油中才不再掺入铅物质。我们知道，当孕妇处于严重的空气污染环境中，会增加新生儿体重过轻、头围过小、身长不足的风险，同时也会增加难产的风险。

“绿肺”

令我觉得非常美好、颇有意味的一件事：我们的肺部结构是“树冠”形状，同时我们还可以生动地说，树对我们来说，就像是肺。优质的空气，氧气满满，公园能让整个社区的人畅快地呼吸。不仅是打比方，事实也确实如此。树木，以其生物属性和结构（根、茎、枝、叶），所起到的作用正是过滤、净化和繁衍，对空气质量起着重要的作用。要弄清楚这其中的作用机制，我们需要先来探究一下一棵树的生理属性，以及三个主要的步骤：光合作用、呼吸作用和蒸腾作用。在此我们重点关注前两项，但是蒸腾作用也是不容忽视的，后面我们还会谈到它。

个人来讲，我一直对光合作用十分着迷，单是能从空气、水和光中获取养分这一点就够我惊叹的。这个过程太美了，但同时也令人感到不解，因为就连长着两条腿、直立行走的人，想要找到食物，还不得不整日忙碌，且时常心力交瘁呢。无论如何，就像我们都在学校科学课上学过的，光合作用是一个生物化学反应，通过光合作用，绿色植物利用阳光作为能源，借助叶绿素，将碳水化合物养料分解。其中，最值得我们关注的，就是光合作用能够消耗空气中的二氧化碳，产生氧气，氧气在植物体内，帮助树干、叶片、花朵、汁液、果实等形成和生长。

光合作用与呼吸作用是接连发生的。就像所有的生物体一样，树木也是会呼吸的。树木的细胞通过氧化作用，消耗有机物（随后，树木在光合作用中再生产氧气和有机物）来产生能量，供机体生长。要完成这一系列工作需要氧气，树木就像我们一样，会消耗空气中的氧气，并在这个过程中释放二氧化碳。

这是怎么回事？光合作用产生氧气，呼吸作用又消耗氧气……二氧化碳被吸收了，但是会再被释放出来……这么说来，这全都是闹着玩儿的？好吧，并不是。因为树木在呼吸作用的过程中产生和吸收的气体是非常少的。树木释放的氧气和吸收的二氧化碳（然而我们短视的发展模式却使空气中它的含量越来越多）是等量的，所以整个吸收和产出是平衡的。有人计算过，一片半公顷（约半座足球场那么大）的树林一年能清除—转化 6 吨二氧化碳，释放 4 吨氧气。树干直径达 8 厘米的小树一天就可以将一辆大卡车在路上跑 16 千米释放的废气吸收干净。一项计算得出的数据指出，10 棵树一年能够从周围的环境中吸收超过 200 千克的二氧化碳。有人认为这不过只是气体而已，但是绝非一点儿气体而已。

未来几十年里，人类工业所致的二氧化碳排放量只会多得越来越离谱，而在这样巨大的排放量面前，植物至多也只能算沧海一粟。但是，在这场大战中，树木等植物无疑能起到重要的作用。它们是完美的空气循环系统：高效、持续、24 小时不间断、完全自主，不产生额外的维护成本。它们看上去很美。集各种对人类的益处于一身，空气质量只是其中一个而已。

树木能净化空气，产生氧气，捕捉二氧化碳。此外，树木还能吸收大量多种主要空气污染物，将它们从我们呼吸的空气中清除，其中既包括有害气体也包括有害微尘颗粒物。树木对这些有毒物质有多种吸收机制：一些气体污染物会通过新陈代谢被吸收和中和，或留在植物体内。而物体污染物（比如颗粒物）呢，则很大一部分会留在植物的茎和叶表面[33]，只有一小部分能被吸收。

据统计，在北美，一座大型城市中绿化树木的集合，仅一年就能清除 212 吨细颗粒物、89 吨二氧化氮、84 吨二氧化硫、15 吨一氧化碳，以及 191 吨臭氧——这些指的是城内，也就是市中心，并不是郊区茂盛的树林。而在更大的都市，比如纽约，仅 1994 年一年，树木清除的大气污染物总量就达到了 1821 吨。在其他有差不多树木覆盖量的城市，人们得到的统计结果也差不多。哪怕是几棵树组成的一小片树林，就能立即降低周围 9%~13% 的细颗粒污染物；减少地面灰尘总量的 27%~60%。如果愿意的话，你甚至可以用经济学术语来对这一切进行量化：在上面引述的研究中，芝加哥市绿化树木“空气净化循环”价

33 此处需要说明的是，很遗憾，对固体颗粒物，植物没有真正的中和功能，只能起到过滤的作用；颗粒物会留在植物身上，但是一旦下雨，其中有一些就会被雨水洗刷掉，进入水体。

值约为 100 万美元，大都市纽约则达 920 万美元。

当然，想让树木帮助我们的空气进行净化和循环，取决于树木的量、种植方式、树龄。事实上，“真正”的树木工作起来效率更高，它们与那些“心有余而力不足”的小树比起来，发育更充分，躯干更粗壮，生命力更旺盛。世界各地的市政管理部门都应考虑到这一点，然而事实上现在越来越多的地方都更爱破坏性地剪枝，以及栽种那些灌木类的矮小树种，[34] 说是出于经济考虑，然而这种考虑却是基于一种错误的判断（也许对园艺公司是节约了资金成本，然而城市居民却为此付出了巨大的健康成本）。据估计，每年每多一平方米茂盛的树冠都意味着 12 克污染物的减少。树的种类也有很大关系，尤其是在环境特殊的城市里。事实上，一些树种不适合生长在城市环境中，而在那些适合生长在城市中的树种中，有一些在减少城市污染物的方面效果特别好 [35]。

还有一种途径让树木能帮忙减少空气污染，虽然是条间接达到目的的途径，但是非常重要。树木等绿色植物和花园能够调

34　只种那些灌木类的矮小树种，或者对大型树种进行简单粗暴的截冠（就是行话说的“棒棒糖树”，或者意大利语里有个名字“清洁工造型树”），是今天常见的一种潮流。

35　进一步补充，从理论上讲，一些树种在特殊环境（炎热、潮湿、有某些气体）下能够释放出可能引起污染的物质，但是释放的量很小，而且是在很特殊的情况下、几种特殊树种身上才会发生。目前尚没有证据能够证明这部分物质会引发城市污染大幅增加。除此以外，在不同环境下，这些物质还能通过化合作用清除和中和危险的污染物。这要看具体问题的复杂程度。

节城市气温，从而缓和、减少极端气候的发生。这可以间接降低污染物的排放量——气温得到调节，使用空调和暖气的必要性就得以降低，从而降低能源消耗。这意味着其他物质造成的污染也能得以降低，因为它们的释放或化学反应使它们发生变化、产生危害，而这种情况取决于气温，天气不那么热，它就会减少发生。

那么树木等绿色植物是如何作用于气温的呢？

大树底下好乘凉

每年夏天，我们总会被电视里关于袭人热浪、闷热杀手、撒哈拉季风之类的骇人报道吓到，与之相伴的还有对“高危人群”的警告，其中包括儿童、老人以及心脏病患者。不过，在这段时间里，就连非高危人群同样也要饱受极端天气的折磨。每每这样的时候，总会听说一些防暑小妙招，比如，不要在一天中最热的时段出门或者多喝水（真的吗？我怎么就没想到）。每年夏天，燥热难当的日子总是没完没了，叫人焦虑的气象警告总是没完没了，成群结队到喷泉里凉快的旅游者总是没完没了，小建议、小妙招总是没完没了。

在这样的紧要关头，却很少听人讲到城市中的树木等植物。不过，想想树木等绿色植物对缓解气候极端现象能起到那么大的作用，这多奇怪呀。

仅仅几年以前的罗马，在闷热的夏日里，每到傍晚，常会看到一小群人从市中心涌向附近的绿地。他们是在用古老而有效的方法来忍受酷暑：在一天中最热的时候，他们都待在室内，开着电风扇，百叶窗虚掩着；不过，当太阳稍稍低些的时候，大家全都拎着凳子和水瓶，跑到树下面、草地上，一边聊天一边纳凉。这些人知道，在树荫下、植物间，总是能先人一步感受到凉爽。当然，如今有了空调。人们只需要待在自己家里、办公室里、汽车里就行了。但是人们的生活变得躲躲藏藏，就好像被围攻了一样。

城市，按照它的定义，就是大群建筑物的聚集，因此也就是积攒热量的物质集中的地方。在夏季里的炎炎烈日之下酷热难忍，可即便到了夜晚，太阳下山后，柏油、水泥、石头、砖头在白天里积攒的热量还会一连几小时缓慢地释放出来。这很容易亲身体验，只需要摸摸那些在太阳下晒了一整天的墙和人行道就知道了。本来到了夜晚，气温应该降低几度，让人感到舒服一些，让空气和地表恢复到令人可以接受的温度。但是这在如今的城市中却已不再。夜晚，在这些楼宇成群的地方，人行道、马路、广场都在慢慢地向外释放着热量，这些热量让气温高居不下，这种现象有个名字叫作“热岛”。早上，太阳升起来以后，这个高温的循环便开始了。不过，情况经常是气温早在前一天的早上就已经更高了，因为夜晚并没有时间降温。天气越来越热，无处遁形。人们只能待在室内，把自己交给空调，但这并不能解决夏日高温的问题；恰恰相反，这使情况更糟糕了。

公园和有树木的绿地附近的情况却是有所不同的。不知你是否在夏季傍晚步行或骑行经过公园门口呢？并不需要大面积的绿化区域，事实上，只需要在街边种上树木，情况就会有很大改观；如果在树木下面还有一方草坪或者土壤，就更好了。测量数据显示，夏季在大树的荫庇之下，一两棵离得不远的大树就足够，气温比周围低 3℃ ~5℃，如果是人行道或者马路，温差甚至能达到 20℃。同一天，同一时间，太阳下的人行道与树荫中的人行道之间，相差 20℃。我们的天然冰箱功能很强大。

事实上，有人对比了树木和空调的降温功能，发现一棵茂盛的大树的降温效果与十台室内空调同时工作二十分钟相当。此数据的精确性还有待验证，但是这对我们是一种启发。另一个观点认为，住宅区的能源效率（在如今是很受重视的问题）的测量，除了要考虑窗户的类型和屋顶使用的绝缘材料外，还需要测量阳面房间外的树木覆盖率：热量的积攒不能光考虑马路和人行道。在家门外的特定地点种上树，可能意味着五年内节省 3%~5% 的燃气和用电，而十五年内这个数字还将增加到 13%，甚至更多。这在很大程度上也取决于房屋的结构和其他因素，比如当地气候因素和光照时间。根据不同都市规模的大小，这个想法的效果还会更好，我记得十年前有一篇文章，讲得大概是美国中部的一座城市，像很多其他发展水平相当的城市一样，这里的人将汽车作为唯一机动车（因此，这样的城市里街道很宽，车位紧俏的停车场比比皆是，是热量累积的典型）。文章旨在对一项当地市政提案进行意见征集，这项提案发起的项目是要对现状作出根本性的改变，为花坛和树木腾出更多空间，目的是在各处创建气候改善区。十年来，城市气温持续升高，幸运的是，当地市民和管理部门有能力接受挑战，他们想出了极具创意的方法。

实际上，城市的构成特点引起了特定的气候局限，一般体现为较周围城郊乡村气温发生一定程度的升高。整座城市中，楼群密度大的市中心和有更多树木和花园或者近临公园和庄园的住宅区气温又大相径庭。

为什么呢？这其中涉及几种机制的作用。

最明显、最简单的就是树荫。太阳的光线是让气温升高的重要因素，尤其是夏季。阳光炙烤大地，直接（七月份的时候晒太阳试试）或间接地通过地表吸收热量再释放。如果建筑物脚下是一条热浪滚滚的大街和水泥人行道，那么树木能为建筑物带来清凉，防止热量的有害累积。[36] 有很多树的地方，白天也会令人觉得没有那么闷热难忍，因为树会减少阳光的直射，也会降低被建筑物和表面折射的间接散热。傍晚和夜晚，街道、墙体、石板地也会释放少一些先前吸收的热量（因为它们白天都处于树荫下，

36　有了树木的荫庇，柏油街道的路面状态也能保持更久，因为可以免于阳光直射造成的路面变形、老化。

所以相对来说要凉爽一些），气温也就下降得既明显又迅速。

如果树下有草坪和土地的话，或者当树木在花园或者在花坛中，气温下降得还能更快。这也与自然表面（比如土地、沙子、草地）的物理性质有关：更小的热惯性，是否具有绝缘性。这意味着夜里，土地 / 草地不会像柏油停车场那样，长时间积攒白天吸收的热量，然后缓慢地释放。有土壤 / 草地的花园 / 花坛积攒的热量更少，就算吸收热量也只由表面吸收一点点，在傍晚的时候，这一点点热量会快速释放，很快就能恢复到舒适的温度。

不过请注意：阴影和阴影也有区别。树荫似乎能够比棚子等人造阴影提供更清凉、舒适的阴凉。我们可以试试看，夏天挑一个大热天，到院子里或者广场上，找一处棚子，再在不远处找一棵大树。哪边更舒服？

事实上，树木并不满足于被当作遮阳伞而已，从某种意义上来讲，它更是一种空气调节设备。植物的生物学功能首先就是光合作用，此外，就像我们一样，植物会呼吸。但是除此以外，还有第三种很重要的作用，那就是蒸腾作用。这是一种很特别的生物活动，构成了植物内部的液体循环，正是因为这种作用，植物会从土壤中“泵”出上百升的水分，一直到叶片（对于大型树木来说叶片的位置可以很高）。这些水分还会通过叶片缓慢地排放到大气中，同时起到降低周围空气温度的作用。这跟人类排汗是一个道理，还有那种有特制孔的陶罐，能够让其中的水保持清凉，只不过在树干中，这种蒸腾作用过程是主动的，而不是被动的。

也正是这个原因，树荫中总是更清凉。

平静而清澈的水

实践出真知。

在我无忧无虑的童年时代和前青春期时代，我曾经在很短的一个时期内，参加过一个童子军团队。有一次，我发现了一本很有趣的小册子，编者是 WWF（译者注：世界自然基金会）。这本小册子的名字叫“实践出真知”，其中有一系列非常实用的环保主题的实验活动卡，教我们如何观察。我尤其记得，有一系列实验做起来有点费劲儿，但是实验结果却很棒，给我们这群年轻又敏感的孩子留下了很深的印象。在这些实验中，我们需要搭建三种结构：用三张同样材质、同样大小的大胶合板，以同样的角度稍微倾斜，在每张板子下缘处放一只大水罐。水罐要有标记清楚准确的刻度。然后每一块板子都有不同的处理方法：其中一块不用处理，就放在那儿；在第二块板子上放一些泥土，轻轻拍平；第三块板子上则要铺上一块草坪。然后，拿一只装满水的水壶，水壶上也要标注清楚准确的刻度，每次从一张板子的上缘倒水，手中拿秒表计时，看看水流到下面罐子中的速度和水量。区别很明显：从什么都没有的板子上流下去的水很快就填满了罐子；从第二块板子上流下去的水放慢了速度，不是所有的水都流进了罐子里，但是有一部分水渗入了泥土中（我就是这样弄懂了水土流失的道理的）；然而，有草坪的表面，不仅是水流入罐子的时间长得多，而且罐中的水量也少得多。草和根从中吸取了许多水分。

防水的世界

大都市无时无刻都在膨胀，郊区、工业区，到处都是高密度的建筑材料（就像我们之前说过的，这类材料也非常吸热）；却寻不见公园、花坛、花园和可透水的地面，比如简单的土壤，甚或特制的人造材质。到处是水泥、柏油和各种各样的条石，这对市政部门、建筑方和城市居民来说简直有难以抗拒的魔力——大概大家觉得这样的材质更整齐干净，于是，在人类的居住环境中铺设了越来越多坚硬、防水的石材。

但这除了引起气温升高以外，还会带来其他后果。其中之一就是水体问题。

很多人会说，突然而至的疾风骤雨似乎是未来的家常便饭，我们却只会想到“水弹”。试想，在一座大型柏油停车场上，突然降下一场大雨。这里没有树木，雨水就这么直直地拍下来，中间没有任何缓冲。雨水一旦落在地上，就直接拍在停车场的地面上，这样的地面是光滑、防水的——水不能由此渗入土壤，这样就会形成积水。在比较理想的情况下，这些水全都会流走，就像我的实验中第一块板子那样，充满了地下排水管和下水道（我们希望所有的排水系统都运行良好）。于是，从城市上百条街道、广场、屋顶、屋檐和停车场流出来的水全部涌入地下排水系统的污水管中。如果情况没有那么理想（只要一点小毛病就够），比如排水管的倾斜角度不太对，排水管和下水道不够多或者发生了堵塞，下水道就无法排水。可是水总得流走。那么街道就会变成激流，广场会变成湖泊，地下道会变成致命的陷阱。

所以，防水的实际结果就是造成很多很多水奔涌流去，这会引起很多问题。第一个问题就是我们前面说过的，洪水泛滥的巨大风险。第二个问题就是水土流失，如此大量的水早晚会流到没有铺设石材地面的地方，到时候就会带走许多泥土。一直把这些泥土带到河流中，带到海洋中，于是泥土就这样一点点地流失了，再也回不来。我们要记得，土壤是植物赖以生存的环境，植物是我们赖以生存的食物，因此，我们的生命是要依靠可耕种的土地的，但是土地是由并不很容易再生的物质构成的。

第三个问题，就是散播有毒物质。尤其在城市和工业区，在街道和各种的表面，都容易积攒污染物，即便只有一点点留在那里都会成为有害物质。如果真的发生了洪水，这些物质就会被洪流冲走，冲入河水和海水中，然后进入水循环，最终会回到我们的饮用水，或者粮食耕作用水中。

最后一个问题就是：我们的排水系统如果运行良好的话，应该将雨水从防水地面经由人工通道排走，而人工通道一般也是防水的。即便在天气最差、雨水最急的时候，雨水也很难被土壤吸收并最终到达含水层。在世界上很多地方，土壤中的含水层已经大量减少，就是因为这个原因。雨水从天而降，结果降到地上的只有寥寥数滴。这教依靠含水层生存的地球生灵如何是好！水源干涸令人扼腕。然而这种事情却频繁发生。

树木与水

下雨的时候，公园、花园，就连有足够多树木的停车场，都是另一番景象。树叶能为雨水提供缓冲，使其在降雨的过程中能减慢速度，甚至有一部分被叶片吸收；落到地上的时候，能少一些冲击力，在汇聚到一起之前能有多一些时间。也许在雨停了以后一段时间里，雨水还会从叶子上滴落下来；在暴雨期间，树木的覆盖可以保护地面不受到过量水流的冲击，流到地面上的水流可以更缓一些。过窄的地下排水系统和下水道也就能轻松一点，从而能够一点一点、井然有序地把积攒的水排出去。如果这之后我们来到公园、花园，总之是一个没有铺设石板地面的地方，脚下是草坪或泥土，或任何有孔的地面，雨水都能有办法渗入土地中去，最终抵达土壤的含水层。这样，留在地面的水再怎么说也是减少了，也就不会造成“流失”。

种有植物的地面，尤其是种有树木的地面，意味着地下有大量的根系，这些根牢牢抓着土壤（这也是我童年实验中第三块胶合板上发生的情况）。这样就算有些水从地表流过，也不会大量带走泥土——这样就降低了水土流失和大大小小的洪水泛滥的风险。据统计，树木能够使积攒在防水地面上的雨水减少 7%~22%。22%，几乎达到了四分之一！只需要增加 5% 的树木覆盖率，就能减少 2% 的水土流失。一棵枝繁叶茂的大树的树冠能留住 2870 升雨水，并延迟雨水落到地面上的时间。

综合看来，树木带来的好处有：第一，降低洪水泛滥、爆发水灾的风险，及其带来的惨痛后果；第二，保护土壤，降低水土流失风险；第三，改善含水层的含水情况，还能让水质更纯净。

的确，树木等植物也会影响水质。土壤—根系是水最终抵达含水层的必经之路，因此它被动和主动地起到过滤的作用。在城市里，在人为可控的情况下（净水器，处理流水和贮存饮用水的设备），植物表现出的重要性难以估量。尤其是当处于水体流域的树木达到一定规模时，通过诸如影响硝酸盐和重金属含量的方法，树木等植物能够显著改善贮存水的质量。

安宁、祥和——有声污染之伤

我居住的城市很美，城中有多处古人留下的文明古迹。但是却很吵闹，就像如今的很多城市一样。车辆呼啸、汽车鸣笛，路政和建筑施工现场的大型机器的作业声，头顶飞来飞往的飞机声，还有儿童乐园的扩音器里传出的声音，以及街头艺人表演的音乐声，地铁里、超市里，甚至音乐厅门口的广场上，大喇叭的服务总是不容置疑，不管你喜欢不喜欢，一直叽里呱啦响个不停！这是一种噪声泛滥。然而人们却认为这种噪声是正常的，甚至充耳不闻。或者说，这是一种习惯成自然的现象。大家都觉得无可奈何，很多人坐进汽车里或者回到家里的第一件事都是弄点动静出来——打开收音机、电视机，或者音乐播放器。

事实上，噪声，只要超过一定阈值（其实比人们想的低得多），就会很危险。负责全球范围卫生问题的世界卫生组织（WHO）甚至派出一支团队应对噪声问题。因为噪声与有声污染无时无刻、无孔不入地存在，愈演愈烈，对人们的健康形成极大的威胁。它的存在和危害却没有得到重视。因此，人们叫它有声污染。不仅是惹人烦而已，它极具危害力。

有声污染或许不仅仅会影响听力（但是无论如何它确实会导致听力障碍）而已。就连那些似乎令人可以忍受的最轻微的噪声，都会对我们的健康产生潜在的危险。首先它会影响睡眠质量，导致睡眠缺乏，这种状态会影响整个机体。在工作和学习方面，噪声会引起多重问题：首先它会造成理解困难，强迫说话的人声音提高，而提高了说话声的同时也令噪声更严重了，想听清楚的人更要集中精力努力地听才行。噪声对人的注意力、记忆力及多种复杂的认知功能都会产生影响，从而使人的反应能力、思考能力、分析能力、逻辑推理能力出现一系列问题。

为了能够完成任务，人们不顾一切尽量高度集中注意力，然而这会使人耗费多倍的精力。人会变得焦虑、易怒、不安。在学校里，一个吵闹的班级中的孩子和安静班级中的孩子比起来，会具有先天弱势。对成人来说，无论是在工作中还是在日常生活中，任何类型的任务，其效率都会受到噪声的影响。甚至在超市面对不同品牌的面条时，噪声都会让人很难作出明智的选择，可想而知，噪声这样不断折磨着顾客的耳膜，顾客心烦意乱，只好不假思索地进行消费。

噪声的影响会直接作用到我们的机体，导致并加重精神压力和精神疲劳。有的时候我们会意识到，有的时候不会。处于噪声中时，会出现或加重被我们称为“压力”的感觉：典型的心理和身体变化，包括心率加快、血压升高、某些激素分泌过度，还有其他体征变化；一些心理和行为变化，比如紧张、焦虑、注意力不集中、易怒、易冲动，可能导致下意识的冲动和暴力行为。在军队训练项目中，噪声作为一种极端环境出现，旨在锻炼要上战场的军人的心理抗压力。令人感到难过的是，噪声也被作为一种刑讯手段，用于审问罪犯。

除了使听力障碍和耳聋问题的风险增高，噪声会使人长期处于高压环境，从而引起压力过大、心脏疾病等问题。一项在加拿大进行的研究表明，与同城的安静居住区比起来，嘈杂的居住环境会使因心脏病死亡的人数上涨 22%。

在这种极特殊的环境条件变化下，树木等植物也能起到很重要的作用。沿街的“绿色屏障”只是摆摆样子呢，还是真能有效降低噪声？情况其实很复杂。

树木、公园和花园应对噪声自有一套。根据一定的标准测得，树木能很好地将一个区域与噪声源（比如车水马龙的街道）隔绝开来，因为它能够吸收和消除噪声。设置合理（宽度、植物密度等）的绿色屏障，降噪率可达 25%；如果加上其他障碍物如土坡或墙体，降噪率甚至可以更高。然而，单棵或成排（比如沿街）树木的作用总是被低估，人们会认为，孤零零几棵树吸收不了多少噪声。但是，树木可以使声音漫反射，当噪声从声源传出时，树木可以使它向各个不同的方向散射，起到减弱的作用。如果沿街种了树木，当一辆汽车从窗前驶过，临窗而坐的人听到的噪声更小。当建筑物周围有更多吸声材料或结构，比如草坪，噪声就更小了。此外，由于有了树木和篱笆做屏障，对受众来说，声源本身也不显得那么讨厌了。数据显示，城市中的树木能够通过不同的途径降低 50% 的声音污染。

公园和花园不仅能通过散射和吸收噪声起到降噪作用，对环境保护做出卓越贡献，而且还能营造安静区，即便是短暂地处于这样的地方，也能让人保持相对安静平和。我们在后面几章中能更详细地了解到，仅仅看一片小树林或者一棵大树就已经能让我们心情舒畅、平和，更不用说漫步林间，或者在长椅上打个盹了。绿色植物营造出的氛围能够帮助我们缓解由噪声带来的压力，道理跟缓和极端天气是一样的：它让人得以修复，在一定程度上，能帮助人缓解易怒和急躁的情绪。在城市噪声的汪洋中，这里仿佛一座座安静之岛，人们在这里可以倾听自然的声响，还可以享受与人交流的快乐。即便如此，植物还是能为现代城市中浮躁喧嚣的日常提供一个喘息的机会。

树木、生物多样性与健康

在这趟漫游之旅中，我们一直在忙着认识树木在环境中的保护者角色。环境，我们周遭的一切，其每一个特性都在直接影响着我们健康生存的可能性。树木等绿色植物对环境条件发挥的好作用包括缓解和抵抗极端现象（城市气温、洪水），减少或中和有毒因素（污染、噪声），制造氧气促进空气循环和再生，净化和调节水体。总之，树木等绿色植物共同构成了一个服务于生态系统的整体，能够让环境和人类的生存状态朝着更好的方向发展。众所周知，对我们人类来说，生态系统有着存亡攸关的重要性，即便是从冷冰冰的经济数据上看也是一样的。

树木等绿色植物及其他自然元素这种保护性和调节性的活动，还有一个特殊的方面就是对生态系统的生物的直接作用。

在众多环境因素中，我们谈到了化学和物理因素：空气、水、气温、噪声。但是环境中还有生物体的作用，这是由微观世界和宏观世界构成的生物大家庭，我们共同在环境中生存，相互关系十分紧密。在这个大家庭中，我们也是一分子，无论愿意还是不愿意，都会受到家庭成员的影响。

环境中生物质量的主要指标，就是生物多样性。

生物多样性，从字面上理解，就是生命形态的多样性——现有生命的数量和形态差别。树木等绿色植物，是生物多样性中非常重要的因素，无论是从其自身来讲，还是从其构成生态环境，允许动物和次级群落生存来讲，没有了植物，这些依赖共生的物种都无法生存。健康的树林是收藏着各个种类及规模的生物物种的宝库，从狐狸到单细胞真菌。在城市和郊区，花园、花坛、公园的存在，以及建筑物周围零星的自然元素，能够令城市这样的人造环境保证达到生物多样性的最低要求。

那么，对于城市居民个体来说，生物多样性怎么样，到底有什么关系呢？附近的小池塘（Marana）[37]里再也见不到蝌蚪和蜥蜴了，公园里再也没有大山雀来做窝了。可是去年还有呢，这一切为什么会让人忧虑？美观问题，或者动物物种减少引发的悲观情绪，虽然都是很重要的方面，但却缺乏普遍性。然而，还有其他原因值得人们忧虑，这些原因对所有人来说都是具有深远意义的。

首先，生物多样性的情况有助于判断环境质量。具有丰富生物多样性的环境意味着这个地方很宜居，环境因素能够满足

37 “Marana”一词源于地中海，罗马和罗马郊区的居民用来描述流经城市的池塘和水道。

如此多样的生命形态生存。因为很多生物体是对污染物非常敏感的，甚至可能死亡，所以丰富的生物多样性就意味着环境中污染很少，有毒有害物质也处于较低水平，因此，质量更好的环境，对我们人类来说也是很重要的，而生物多样性则是人类的透视孔。

其次，这是值得人们常常思考的一个话题。在具有丰富生物多样性的环境中生活，意味着有更多的机会去接触多种多样的生物，大的、小的、细微的。从宏观上就已经能看出这对我们的身心健康很重要了，这会令一个人看起来对生命有与生俱来的亲近感（关于此，我们会在第 6 章详谈），于是，与植物和动物的接触便成了一种需求。从微观的层面看，这样的接触会变得至关重要。

在一个生态系统中，如果具有一定的生物多样性，实际上意味着微生物群落更丰富，这里面有着多种多样的微生物，它们彼此间相处和谐，而且与环境中的其他生物也相处和谐。细菌、藻类、霉菌、真菌（比如微型蘑菇）全都广泛地分布在我们生活的环境中。我们每天都或多或少地接触它们。它们中有些是致病的，但是这些生物中大多数对人类都是无害的。不仅如此，人们越来越多地发现，它们中的一些还十分有用，甚至对我们的健康能起到很重要的作用。实际上，对我们来说，暴露在有大量均衡微生物的环境中，一定程度上是十分必要的。

细菌群落与免疫系统

几十年来，一些疾病的患病率在持续增高，尤其是在富裕国家的儿童和年轻人中间，人们不断猜测这种现象背后的成因。哮喘、多种过敏性疾病、白血病、自体免疫性结肠炎，这些疾病的共同点都涉及免疫系统功能紊乱，导致攻击自身机体（自体免疫性疾病），把事实上无害的物质当成攻击对象（过敏），或者无法辨认、无法有效清除肿瘤细胞。但是为什么在这些富裕的发达国家里，儿童和年轻人容易患上免疫系统功能障碍呢？他们到底缺失了哪一环呢？

第一种猜测："脏一点，更健康"。这种理论被更新和重述了很多次，它第一次被提出时名字叫"卫生假说"。

注意了，我们这里并不是要讨论基本的卫生标准，卫生标准的存在拯救了很多生命，是非常基本而且非常重要的标准。上述假想理论最开始取了这样的一个名字，因为这一理论首先猜想一些极端卫生措施跟其他一些因素共同扮演着关键性的角色。概括来说，该理论认为，现代城市居民生活环境的变化，行为、饮食和习惯上根本性的改变，再加上过度坚持极端化的卫生标准，共同导致了儿童所处的环境中缺少足够的微生物多样性。

成长中的孩子缺乏一系列与微生物的接触，而这些微生物对孩子的成长来说又是不可或缺的：它们是人类的"老朋友"，在几千年的演化过程中我们已经离不开它们。更进一步说，只有经过这些接触，我们的免疫系统才能发展起来，按照正确的方式运行。对于肠道菌群的重要性，人们可能了解得更清楚一些（我们在抗生素药物滥用引发的大面积问题十年后才开始意识到）。但是这不是问题中唯一的关键点。

其实，这没什么好大惊小怪的，微生物和像人类这样的复杂生物体之间，长久以来存在着共生关系，我们的演化是同时发生的。于是，在我们之间，不可避免地产生了不同的互动。正常来讲，在这种关系中，每一个物种的目的都是尽可能地活下去，有时候会侵害其他物种（于是就会产生寄生现象、疾病现象），有时候不会产生什么严重后果，或者有时候会达到基本互惠的结果。

为了适应周遭的环境，包括人类在内的动物选择的方式是保护自己，对抗疾病，有时候就会与特定的菌群协同作战，这些菌群要通过外界接触来到身体内部，然后在身体的各部分驻扎下来，其中包括皮肤、支气管，当然也包括肠道（最有名的就是肠道益生菌）。这种共生关系对细菌或曲霉菌是有好处的，因为它们就此找到了一个安全的落脚点，在这里繁衍生息。渐渐地，它们就会发挥自身特点，变成对我们有益的菌类。

这样也会发生一些生化反应，这些生化反应对我们来说也很重要，比如它们会从有用的信息中判断哪些物质是要防范的，哪些是要过滤的，从而获取和分解从外界来到身体内部的物质（也就是进入了免疫系统），然后再将有用的东西输送入血液中。与环境中某些种类的微生物接触，能够激发免疫系统的反应，虽然不会让我们觉得很难受，但是却有助于训练身体应对危险的杆菌和病毒。[38]或者，人类身体中的微生物“客人”能够为我们提供保护，使我们免受危险的感染，因为它们已经率先“抢占高地”了。一旦一个群落扎了根儿，它就会找到自己的平衡，并让致病菌难以站稳脚跟。

光阴荏苒，我们逐渐与这些微生物为伴，它们为我们做着非常重要的事情。特别是免疫系统需要它们来构建并令其运转。在童年时期接触一些种类的微生物对于保障免疫调节系统，让身体保持健康是至关重要的。新生儿的免疫系统描绘一个事物的经典方法就像精密的计算机，其中有着许许多多的程序，却还没有任何信息。越早接触丰富多样的微生物群落，就越能为未来建立确保系统良好运转的数据库，就好像为了让系统的各种机制运行得更好而进行反复调试，越调试就越精准。如今人们认为，对成年人来说，与微生物群落的接触对健康也十分重要：因为正常的免疫反应和免疫系统调节需要多种微生物（包括肠道菌类以及其他微生物）的变化（调试）和参与。

不过在此需要注意两点关键内容：第一，认为环境中的微

38 医学史上有这样一个例子：对抗天花的办法是从过去的挤奶器和牧牛人那里得来的灵感。这些人，出于工作需要，要经常接触牛的天花病毒，虽然跟人类感染的病毒有很大差别，没有那么危险，但是却能激发他们自身的免疫系统高效运行，从而对抗人类天花病毒。爱德华 · 琴纳观察到这一现象后，发明出了第一支天花疫苗。人们将这种疫苗叫作“牛痘”，以纪念在这一伟大发现中，奶牛和挤奶人所扮演的重要角色。

生物群落只对健康有益的观点是十分危险的，这跟对“自然”和“天然”的理想化是一样错误的。环境中有很多微生物是致病的，它们多少有些危险性（遗憾的是，有时候甚至致命）。人类漫长的疾病史就是试错史。正是为了保护我们免受有害微生物的侵害，我们才进化出了这种与其他生物协同作战的关系，这让我们的免疫系统运行得更好了。

第二，这个理论认为，免疫系统只有适当接触某些微生物才能得到正确的成长和正确的运转，尤其是幼年的时候。但并不是让我们从小就天天在泥坑里打滚，奇迹般地获得刀枪不入的免疫系统，保护我们不受任何伤害。而是说，我们的免疫系统只有当与一些种类的微生物接触后，才能更好地发展和运转，仅此而已。只有这样，免疫系统才能知道如何更好地调节自己的反应，辨认出哪些是有害物质，哪些是无害的抗体，并对那些危险甚至致死的病菌进行有力抗击，甚至当有条件的时候，通过疫苗来达到这个目的。总之，这样做能让我们的免疫系统功能更加完整，能尽自己最大的力量对抗来自外界或自身内部的危险。然后，就要看其他诸多方面的因素了。

复杂的协同网络

树木等绿色植物通常说明当地具有丰富生物多样性，也说明环境的微生物群落十分丰富且均衡，说明人能够接触到对健康来说至关重要的微生物，能够建立起体内益生菌群落，并长期保持均衡。对于我们免疫系统的发展和运转来说，这些都是关键因素。但是我们逐渐开始了解到，一个有植物、均衡、生物多样化的环境，还有其他一些有趣的特性。

这很有趣，比如说，一些微生物能够在心理层面和行为层面对我们产生影响。吸入牛分枝杆菌，一种在一些环境中（尤其是养牛场）非致病性微生物，能对我们产生轻微的镇静和抗焦虑作用。虽然要得到这个结果必须经过十分谨慎的操作（目前只是实验数据），但是对我们是一种启发。情绪与免疫系统的功能也有着千丝万缕的联系——情绪也是防御机制的一部分。对，人们对这种细菌进行了深入的研究，因为它与导致结核病的杆菌有着很近的亲缘关系，因此人们希望它能帮忙在免疫系统中建立对抗这种可怕疾病的抗体。在抗生素泛滥的时代，这似乎是个好消息，尤其是对那些体弱的人来说。关于我们的免疫系统与微生物的协作关系，以上是一个很有名的例子。

更加有趣的一个概念是环境对我们的身体和心理会产生直接作用，不通过微生物，而是通过树木释放或因它们而产生的化学物质和成分。在远东地区，人们展开了多项细致的研究，分析出多种树木能分泌出挥发性物质（VOS），对我们的体征参数产生（良性）直接影响，包括血压、心跳，甚至一些免疫系统功能。这里还要提到负离子，这是一种带电粒子，当我们身处树林中（以及一些其他环境，如瀑布或暴雨天气……）时，会觉得精神饱满，一些专家认为，这是树木对人产生的焕发活力、放松身心的作用。

仅仅看到树木和绿色，或者漫步其间，能让身体很快就处于较好的状态。这一切说明，树木、花园和绿色对我们身心健康的诸多方面都有着良好的作用，而这种作用的机制十分复杂。

当我们漫步林间时，我们的身体究竟发生了什么实实在在的变化呢？

冲 动

我无法抑制自己：橡子就在那儿，地上，四处都是，光滑锃亮，棕色的小尖头，颜色或深或浅，光泽或明或暗，有的头上的小帽子戴得好好的，有的已经掉了。它们这儿一堆，那儿一堆，走过的时候不小心总会踩着。“咔嚓，咔嚓”，它们在脚下裂开，必须承认，这种爆裂声会给人带来一种奇怪的满足感，虽然立刻浮现一丝罪恶感，但是没关系，橡子实在太多了！有一些落的时间长了，被踩过很多次了，裂开了口，甚至已经几乎要重新化为尘土，剩下还有好多光溜新鲜的，以及很多处于不同程度的中间状态的。再过一段时间，等天变得更加湿冷的时候，你就会发现它们已经生根发芽了。从裂开的口子里长出一截嫩茎，细细的根也开始了探索之旅，它们就这样，在一堆枯叶之间，或者从人行道的砖缝中冒出来。有人也许会问，如果就任由它们这样长下去，不清理、不除草、不铺柏油……会怎么样呢，过一段时间，这里会变成一片茂密的树林吗？

橡子有很多很多，有一次，我没忍住捡了几颗，直到把我阳台上的花盆都栽满了。于是，小小的橡树便诞生了，它们一直不停地长啊长啊。春天，将它埋进花盆潮湿的黑土中，然后在一个美好的冬日，一株株小小的嫩芽便会破土而出，两片漂亮的小裂片像翅膀一样平平地舒展开来。从花盆开始，很快，它们就变成了十棵树苗。然后，橡子落地的季节又来了，又有橡树宝宝要找家了。

我在脑子里筛选了一番，哪些朋友家里有院子或住在乡下，毕竟我的花盆已经所剩无几。我是生来如此吗？还是文学故事把我害了？让 · 吉奥诺的小说《种树的人》讲的就是这么一个故事：一个安静内敛的男人，怀着极大的耐心，年复一年地到树林里收集橡子，然后把它们种在高原上，那个地方干旱少雨、尘土飞扬、常年荒芜，就连山羊都嫌弃。但是这样过了几年，高原上的树长大了，干涸的水源又流出了水，这里变得莺飞草长，一派欣欣向荣的景象。真是个美好的故事。

也许正是这个故事以及其他不知道多少故事影响了我，于是，每逢这个季节，我就会到树林里去转转，捡橡子、山毛榉、栗子等揣满衣兜。我的阳台上挤满了花盆，里面住着勇敢的小树苗。

第5章

健康漫步

此时，在远东的树林中，这本书一开始说到的那些漫游者们仍然在巨大的树干和苍翠的枝叶间漫步。这个地方位于半山腰，这里的树林十分茂密，小山村掩映在此起彼伏的山峦间。人们漫步在幽静的林间小径，行走速度有快有慢，因各自的喜好和身体条件而不同。有的人坐着，有的人站着。他们呼吸着林间空气，环顾着山间美景。偶尔会有新到的团队，由导游带着，时不时地为他们进行讲解，或者说着建议，几乎是窃窃私语："如果大家愿意，我们可以在这里稍作停留……这片空地太美了，对吧？闻一闻这清香的空气吧。"说着，他会捡起一根掉落的松枝。"听听风的声音吧。不着急。"

他们在进行的活动叫作"Shinrin Yoku"，在日本很流行，活动旨在让身心放松，恢复健康。其实这个名字翻译过来叫"森林疗法"，不过这个译法简单生硬，因为这个词所用到的表意文字含有十分复杂的深意，指在森林中进行一场神圣、洁净的精神沐浴，一场思想上的沐浴。说“森林沉浸法”或许更准确一些。因为实际上这种实践活动主要是让自己全身心沉浸在大自然之中，让周围的一切激发自己的感官，不受其他因素牵制。在树林中，亲近树木，营造全身心投入的体验，不掺杂任何欲望。总之，这是以一种沉静而放松的心态在树林中漫步，没有外力压迫，也不用想其他事情的体验。

Shinrin Yoku

显然，这算不上什么新鲜事，当我们觉得焦躁、疲惫的时候，还有什么事能比去公园里或树林里美美地散个步，更让我们愿意做呢？这太正常了，根本不需要大老远地跑到日本去才能明白。

> **啊，在那时，**
> **每当黎明，**
> **我常来卢森堡公园，一个人度过整个早上。**

维克多·雨果在《一颗心的一生》中这样写道。他到花园中去做梦，寻找灵感，在大自然中用他少年的心去感受自我；在这些诗句中，他怀念着自己十五岁时的天赋与激情，那个时候他还有大把时间，可以用来在巴黎的花坛中、树木间、公园里散步。

而 Shinrin Yoku 的活动中，还有更多意味，这个活动的目的实际上是疗愈。我来到树林中，希望抵达一种心境，希望能够让身体、头脑与心灵重获新生。有观点认为，在“身处自然”与恢复均衡健康之间存在着直接密切的联系。人们认为这种联系的存在很自然、正常——从某种角度看，人类所处的世界就是自然，人类与自然不是割裂的，因此，认为重新亲近树木和树林能够促进和恢复身体健康是出于本能和直觉。

在某种程度上，这样的方法的确是有效的。诚然，Shinrin Yoku 在日本发源，经过了不知道多长时间的发展，已经被人们认为是一种有效的疗法。如果有人因为诸如焦虑、胃炎、高血压、抑郁等问题去看医生，从诊所出来的时候，手里的处方上很可能写着“树林沉浸”的诊疗意见。想象一下这张单据，抬头、名称和头衔都是医生的，印着医院或者诊所的标识，然后下面接着处方：“自然，剂量：一次三日，每月一次，三个月一疗程。”印鉴，签名，完美。

放在我们这里，可能会觉得：自然还能治病？这主意听上去不错，值得尝试；但是今时今日如果一位医生写了这么一张处方，那我们一定会认为他是在开玩笑。[39]

树林作为一味药

然而在其发源的国家，这却是一种被严肃看待的治疗手段，以至于相比之下连卫生政策都显得有些可笑。

由于这个疗法的理念有着古老的渊源，1980年，"Shinrin Yoku"作为术语，被日本政府正式用来指森林预防疗愈计划。计划主要是为了管理运用此类活动进行的疾病预防或疗愈，为其制定规范，以及鼓励推广。总之，在日本全国上下，这项疗愈活动轰轰烈烈地展开了，由于公众十分支持，因此这项活动的开展几乎没有遇到什么阻力，被普遍认为有益。好，我们就当它是一项受到认可的活动好了。

对于一个国民城市化程度很高的国家，这一理念颇具远见，因为国民衰老速度快（这些疾病都与衰老紧密相关），人们工作生活节奏快，由此带来了一系列不利后果，而在这样的国度中，过劳死（这一现象名如其实，源自日语的"karoshi"一词，正是

---

39 在过去（1920年以前），西方曾经流行过的森林疗法，后来被废弃了，取而代之的是其他形式的干预手段，或药物治疗。今天，意大利的温泉疗法含有与自然联结的健康观念，但是实际上它主要关注的是水的疗愈作用，而且患者主要是在室内空间进行疗愈（酒店、温泉浴池，经常处于城市中或人造环境中），而没有发挥树林的疗愈作用。

由“过”“劳”“死”三个字组合起来的词语）也不是什么新鲜事。总之，为了反对这一现象，有句广告语是这么说的：预防好过治疗——长远看起来，成本要低得多。但是日本也是一个多山的国家，那里到处是古老的树林，与进行其他活动比起来，到树林中活动不失为一种理想的选择。因此被官方认可的 Shinrin Yoku 正得益于这种资源优势，并给当地创造了新的盈利机会。

就这样，森林疗法在卫生保健领域完成了面向日本所有国民的卓有成效的推广。人们针对这种疗法的规范提出了一些提案。政府相关部门按照规定向展开诊疗的地点颁发“Shinrin Yoku 疗法适用地 / 林”的许可，以向诊疗对象保证效果；人们争相获得许可证，因为这项活动能够很容易地拉动旅游经济，破坏少，收益多。参加活动的人需要住宿和餐饮，需要进行诊疗的专业导游陪同，好指导大家按照正确的路线完成诊疗。当地管理者必须维护自然环境、安静程度、有序管理，以使其得到绝对符合许可要求。于是这个理念的传播越来越广，据统计，日本有四分之一的人都进行过这项活动，目前，在周边国家以及远一些的国家都在进行相关的活动实践。[40]

40　首先是韩国和芬兰，这两个国家的森林覆盖率和当地文化与日本都有相似之处。在意大利，人们还在尝试，对此感兴趣和付诸实践的人越来越多了，但是还缺少官方的认可。

是不是安慰剂作用？

这项古老的疗愈方式，一直以来受到人们的追捧，甚至还得到了官方的认可……那么就应该好好想一想，这种叫 Shinrin Yoku 的疗法究竟是否真的有效，这应该不只是一个好概念，因为很多人都试过了，而且在自然疗愈领域广受认可。或多或少，肯定是有作用的。

人们进行该疗法以后，相对于开始时的状态，都表示自己感觉好多了，压力变小了，更轻松了，总体状态都得到了改善。人们甚至说自己重获新生，幸福感直线增长。曾有明显疾病症状、饱受疾病困扰的人，认为自己接受这种疗法以后，感觉临床症状明显减轻[41]，至少部分减轻。“我现在觉得很平静，好像重新找到了自我。”生活在大阪的年轻的企业家接受访问时如是说，当时他正在参与一项森林疗愈项目，于山中的一家酒店小住。他参与的是周末进行的 Shinrin Yoku 项目。“我工作压力非常大，平时不得不依靠药物，尤其是在发病的时候。不过现在完全不一样了。”

这么看，Shinrin Yoku 似乎是有真实疗效的。不过，这是从经验主义的层面得出的结论，从实际出发，根据观察累积得出的结论。虽然很重要，但是单凭经验是无法解答所有问题、消除所

41 确切地说，这里所说的疾病症状和困扰仅限此种疗法适用的疾病症状。

有疑虑的。这种疗效，究竟仅仅是一种印象呢，还是科学上可以证明、可以复制呢？那么，其中的必要条件有哪些呢？医学指导、优质的空气、生活节奏的改变，这样就行了吗？如果这种疗法真的有用，它是怎么发挥作用的呢？

要了解这一点，或许应该首先弄清楚在树林中散步时，我们的身心发生了怎样的变化。

体验与实验：证明事实

在预防医疗政策上肯定森林疗法的人初衷很好：除了令 Shinrin Yoku 受到政府正式认可，也帮助推广了这项活动，间接也就推广了证实这项活动有效性的科学研究活动，使相关实验经费得到了资助。换句话说，人们想证实给这么多人带来好的感受体验的疗法确有其效，想要弄明白，根据可测量的数据，究竟是什么样的机制和成因使得这种疗法确有其效。

千叶大学的宫崎良文（Yoshifumi Miyazaki）[42] 教授是 Shinrin Yoku 的主要研究者之一，多年来，他与研究团队一直致力于相关问题的研究，在日本多地设计和实施相关实验。这种研究究竟怎么开展呢？实质上，就是要让研究者的假想作为客观存在的事

42　他跟《龙猫》的创作者宫崎骏同姓，也许这只是一种巧合；因为从人数看，“宫崎”在日本姓氏中排名第 67 位。但是这种巧合也很难不引人注意。

实呈现出来，还要证明，这个事实仅与研究者的研究对象（森林）相关，而不是由其他因素影响所致。进一步说，就是要证明，进行 Shinrin Yoku 的人身心所发生的可测量的变化，都是由“森林”这个环境引起的，而且这个变化对健康是积极的。

一组志愿者（被试样本）被带到了合适的实验地点。他们是生活在城市里的大学生、年轻人，健康程度适中。志愿者要模拟森林疗法的规程，严格按照计划程序进行：一部分被试者要在大自然中行走一段既定的路程，尝试放空和放松自己的思想；另一部分被试者则在酒店房间里远眺冥想。在实验开始前、进行中和结束后，实验人员会对这部分被试者的身体参数进行测量，这些参数能帮助我们了解身体各系统的运行情况。医生会对测得的数值进行评估，然后根据数据撰写分析报告，其中包括的数值例如：心电图、血压、血液分析。研究人员还会对被试者进行一些其他测试和测量，以了解被试的精神、情感和心理状态。

不过，请注意，到此为止，还不能说明实验中所观察到的变化都源自森林疗法的影响。比如，被试者的变化有可能仅仅因为步行，而非森林；媒体和专家不是经常喋喋不休地告诉我们体育锻炼的好处吗？因此，这项研究要能取得有效结论，就得以“控制情境”为前提：这些人全都得在完全不同的环境中进行同样的活动，再接受同样的测试。这次的实验环境是城市中。

这是多年来科学家们在日本多地进行这项实验的普遍模式，他们对许多组不同的被试者进行了实验，先在深林中，再到城市里。有些实验中，一些细节会发生改变，比如，慢慢发展而来的更加现代化、精确化的工具的引入，或者在原有参数基础上新的测量参数的引入，等等。

说到参数，这里似乎很适合小小地离题一下，好把压力因素解释得更清楚一点，让读者明白压力是怎么一回事。我们在前面的章节中已经对压力略有所述，因为它在树木和自然与人类健康的关联问题上是十分重要的一环。现在是时候好好说一说了。

21 世纪的压力

假如，我是一个史前人类。几千年来，我和我的族人主要以狩猎和采摘为生，几乎没有什么变化。我们生活在广袤无垠的大自然中，大部分时间接受着它慷慨的馈赠，但也要提防来自其中的敌人和危险。有时天热，有时天冷。我们脚下的土地无边无际，危机四伏，但也是丰饶的草原。无论是雨季还是旱季，我们都必须每天去寻找食物，总有青黄不接的时候，但也总会找到一个食物资源丰富、水肥草美的地方，这样的地方一般也不只我们能找到。其他猎食者也在四周兜兜转转，对它们来说，我们也是丰美的食物资源之一。自不必说，我们族人之间团结紧密，也有时关系紧张。

所有的这一切，人类的机体都必须能够适应，才能尽可能地处于一个一切运转良好的相对平衡的状态下，能够让人健康地生存下去的状态。因此，为了调节我们适应环境的生物功能，我们的身体有一套精密的体系。比如，有温度调节系统；有新陈代谢系统，帮助我们储备能量，好应对不那么尽如人意的环境；有免疫系统，让我们具备对抗感染的防御力；还有一套非常复杂的机制，自上而下控制着整个体系，让我们能在不同的场景内快速作出身体和心理反应。

这就是精密的“直觉”网络，它可以让不同的器官和系统之间相互沟通，通过发送神经递质，比如一些激素，其中包括肾上腺分泌物（最有名的要数肾上腺素了，还有去甲肾上腺素，以及皮质醇）；也通过神经系统，主要是被称为自主神经系统（SNA）的部分，说它“自主”，是因为它不受意志支配。自主神经系统通过两个渠道运行，分别叫作交感神经系统和副交感神经系统，这两个系统同时运行，负责发挥积极和消极的调节作用，其中交感神经负责加快新陈代谢来应对较严苛的外部条件，而副交感神经则主要是让机体放松、平静。

这时，来了一个很危险的天敌，可能是张牙舞爪的老虎？我感觉到它在附近。危机随时可能发生。现在需要我的精神状态高度警觉，同时保持对情况的清醒判断，这样才能果断作出决定，知道该如何行动。我必须能够快速调动能量，以作出反应，抗击天敌，或者逃跑活命，也就是经典的“抗击/逃跑”反应。我全身所有的资源都要被调动起来应对这件头等大事。因此，我的心脏开始快速跳动，血压升高，糖类新陈代谢加快，好让尽可能多的能量随时被我调遣使用，肌肉开始紧张，注意力高度集中。所有的这些资源都在随时待命，除了让机体生存下去，别的事情都可以先放一放，比如休息、放松肌肉、消化和营养转化，就连那些重要的精神活动，包括思考和想象的活动，都算在内。

危险结束的时候，一切就都反过来了。我现在到了安全、安静的地方了，回到了我的大本营。我对这里的地形了如指掌，一切都在我的掌控之中，四周也没有任何危险的迹象。我的身心处于比较理想的状态，这叫作“休息和消化”。这个时候，我们通常就要休息和放松，不只是在身体上，更是在精神上，我们会与同伴互动，准备和享用食物，然后消化，睡觉，做梦。

当然，更新世距我们年代久远。在一切天翻地覆的今天，我们人类的器官仍然是以这样的方式运行的。

压力的形成机制十分精密复杂，但对于可能发生的情况，它是完美的。在突发危险来临的时候，它能令我们迅速反应，而当危险过去，它又能恢复原样，因为问题得到了解决，或者在比较悲观的情况下，它已经承认了失败……如果由于哪里出了问题，或者受到长期刺激，导致压力机制持续、错误地被激发，就会产生健康问题。这些对刺激的反应就会变成顽疾，可能会对身心健康产生严重影响。对于现代人来说，城市环境、工业生产、失调的生活节奏、人为条件、污染因素、电子产品依赖，等等，这一切都令我们的压力问题持续发生。

产生高于常态的压力会很有用，假如我在被一头受伤的犀牛狂追不舍的话。可是，假如我是因为工作压力大，睡眠不足，而且一大早就遇到交通堵塞，从而血压升高，然后它一直居高不下，因为“压力”时刻不息地一直存在，就要另当别论了。假如这种机制一直错误地被激发，长时间、一刻不停、无论是否必要那就成了高压症。一旦这种状况持续，就不再是对健康无害的了，就像弓弦一直紧绷着，慢慢地弓就会变形，不再有力。不用太久，这把弓就没法用了。因为它为了保持紧绷的状态，浪费了许多力量和资源，发生了太多不必要的损耗，结果使其丧失了真正的功能，我们的免疫系统就是这样崩坏的。

人们认为，这正是为什么在21世纪的今天，在经济与文明都十分发达的国家，国民吃穿不愁，有良好的医疗、教育条件，享有优厚的社会福利，似乎什么都不缺，可是相关疾病的发病率仍然持续增长的重要原因之一。

丛林中的科学家：结果

所以，宫崎教授跟他的团队伙伴究竟在他们的放松实验中有了怎样的发现呢？他们有许多很有意思的发现，它们都跟压力问题有着十分紧密的关系。然而，他们究竟测量到了什么，又为什么要测量那些数据呢？

研究人员的假设是基于相关的知识、观察，些许敏锐的直觉，这都得益于他们在此前零星的相关研究中找到的蛛丝马迹。如果树木等植物和花园与精疲力尽后恢复平和、放松、缓解紧张压力的状态有着如此紧密的关联，那么，就有理由假设森林体验与我们前面讲到的身心机制密切相关。因此，研究人员便从测量与这些机制相关的参数着手，比如心率、血压、自体神经系统、激素分泌水平等等。

事实上，在多年来反复进行的实验中，研究人员屡次观察到一个被试样本的普遍趋向。首先是心率和血压降低，随后保持正常水平，自体神经系统也随之趋于平衡。也就是说，交感神经的活动减少，同时，副交感神经的活动增加（如果你还记得的话，副交感神经是负责让机体休息、平和以及协作的）。而肾上腺的激素分泌，或者说体现机体新陈代谢状况的腺体，可测得血液中皮质醇的分泌水平明显降低，肾上腺素和去甲肾上腺素水平也明显降低，尿液中上述物质的水平也同样降低。有意思的是，这一切，在被试样本离开树林后仍然持续了一段时间。

为了从另一个角度对结果进行验证，研究人员还对另一种物质的浓度进行了测量，那就是唾液淀粉酶，这种酶在人压力增高的时候浓度也会升高。要对这种酶进行采样很容易，而且不需要扎针，因为它就在唾液中，正是这个原因，唾液淀粉酶经常被作为测量压力和焦虑的生物学指标，成为许多研究的基础数据。在“树林”环境中，唾液淀粉酶也减少了。

总之，所有与机体警醒度相关的系统、与压力因素相关的经典参数，到了树林环境中，都迅速趋于正常水平。

然而，在城市环境中，却是全然不同的另一番景象。参与监测实验的志愿者要根据比较实验的要求，其进行的活动从类型、难度和持续时间来看，都与树林中的被试样本从事的活动相同，唯一的区别就是在城市环境中进行。然后，研究人员对他们的相关指数进行了同样的水平测量，测量方法也一模一样。然而，测试结果却大相径庭。在城市中行走，或者站立深呼吸，或者从窗户向外凝视城市环境，都引起了压力升高的结果，而且身体相关指数的变化十分显著。

树林似乎确凿无疑地带来了令人平和、舒适、放松的身心状态。此外，这种效果还能在人们离开树林后再持续一段时间。而且，在这项实验中，被试样本都是一些健康的年轻人，他们的各项身体参数值都相当于城市中压力人群的典型数值，只不过还没有形成病态而已。那么我们可以想见，树林对于年纪更大、健康问题更多的人群，将会发挥出多么重要的作用。

千面的压力

所以，森林，以及森林体验，不只是令人感觉好一些那么简单，人们当然是感觉更好，而且身体状态的各个方面也的的确确得到了改善。当我们在森林中进行了一天的徒步运动后，会感到精神焕发，此时这种舒适的感觉背后其实确有身体参数变化在发生着。宫崎教授和他的团队已经通过他们的实验很好地证明了这一点，森林对我们的身体有着实实在在的好处，我们可以将这种作用简称为“减压”。

单单这两个字，似乎听上去有点平淡无奇。但是千万别忘了，压力的形成机制是多么复杂，它对人类身体的各个关键方面有着怎样的影响。

这些方面一旦紊乱，可能会以各种各样的方式威胁我们的健康。一旦处于压力之下（或者相反，失去压力），包括心脏、血管、腺体、激素、神经系统等各方面身体功能都会受到影响，我们在宫崎教授及其团队的实验中已经看到了，然而受到影响的并不只有这些方面。当我们说到“减压”，实际上说的是“森林体验”为我们带来的很大范围内的良性作用，受惠的包括我们身体的多个器官和系统。

我们就拿糖类的代谢作为例子。我们的狩猎—采摘者模型，在资源丰饶的时期，倾向于囤积脂肪和营养。等到他们为了狩猎要进行艰辛的长途跋涉时，需要用到大量能够快速利用的能量。到时候，各种环境因素会令他们处于压力和时刻警惕的状态之下，而这样的状态其实我们再熟悉不过了，这样的状态使得身体趋于促进糖的快速吸收利用。然而，如果这一过程长期过量进行，就会令糖类代谢率低于糖类的生成率，从而给身体健康带来危害。

这也就是我们说的糖尿病。

糖尿病是一个比较极端的例子，这是一种严重疾病，由于新陈代谢系统的严重紊乱，机体无法正确分解糖类[43]；糖尿病患者必须长期进行血糖监控，终生严格遵守饮食和服药要求。1980 年，同样是日本，有一群糖尿病患者被带到自然环境中进行徒步活动，医生对病人的状态进行监测。在这个案例中，监测的主要数据是开始活动前、进行活动中和进行活动后的血糖值、服药剂量等。这些病人在完成实验后，都表现出了明显的血糖值降低。总之，在进行了一段时间的森林徒步后，病人的血糖值更低了，有趣的是，森林徒步后，血糖降低得比常规服药后降低得还要多。而在其他环境中徒步并没有产生相应的血糖值降低的结果。

植物对血糖调节的影响并非仅能见于糖尿病人身上。因此我们经常听说，为了避免肥胖和过重问题，亲近大自然是非常重要的活动。针对相关作用机制，人们作出不同的猜想，当然，身体锻炼带来的影响是一方面，但不是全部，其中，置身于自然环境和有树木的环境中也引发了一系列特定的效果，也许是通过对自主神经系统和内分泌系统的调节。其他的研究显示出，诸如定期到公园、树林和森林中去，可以增强 DHEA 的浓度。这个缩写指

---

43 根据代谢系统的不同紊乱类型，糖尿病分成 I 型和 II 型。我们这里说的研究针对的是 I 型糖尿病，但是实际上结论对于两种类型的糖尿病都适用，对没有糖类代谢问题的健康人群也适用。

的是一种名字又长又难念的激素类物质：脱氢表雄酮，在多个代谢系统中，它都起着非常重要的作用，其中也包括糖类代谢系统，人们认为，它是抑制肥胖症的关键[44]。

一些学者认为，DHEA 能够对心脏起到保护作用，即能够降低心肌梗死、中风等心血管疾病的发病率。说到这个问题，我们就不能不提到脂联素。这是一种细胞媒介物质，我们的细胞为了短距离互传信息而生产了这种分子。它的存在似乎能防止发生粥样动脉硬化，这种疾病最初是在动脉中形成一些物质积聚，慢慢地形成血管栓塞，最终引发严重的后果，比如心肌梗死。脂联素水平同样可以通过在多树的自然环境中停留来增强。

因此，在树林里漫步对心脏和血液循环系统有积极作用，这种积极作用是由一系列影响作用而成的。有直接的作用（对自主神经系统的调节、降低心率、平稳血压），也有间接的作用，这些作用是通过产生上述心脏保护物质、降低危害物质（肾上腺类激素）完成的。这些作用的好处无须多言。

不仅如此，定期在树林中漫步，似乎能够降低白细胞的水平。白细胞会使炎症病程得以加快、病情得以控制，但有时候白细胞的数量会超过实际所需。发生炎症的部位通常会红肿、疼痛，发炎的位置可能受了外伤，身体为了保护自身才会发炎；这是一种对外来侵害（有害细胞、侵入物、微生物）进行自我

44　这便是现如今全世界肥胖症发病率持续增高的原因之一。

保护的反应机制，同时能够加速愈合。因此，炎症很有必要，但是要在一定范围内。如果它蔓延、扩散，或者持续过久，情况就不一样了。这与压力机制有关，压力机制有可能引发异常。其中的关联人们尚所知甚少，但是，到树林里去漫步，能够令炎症得以减轻。

总的来说，与树木和树林的关系，帮助我们的机体重新找到平衡，防止受到现代生活的过度压力影响，对各个系统和器官进行调整，从而对我们的机体进行修复。其中最具代表性的要数自然体验对自主神经系统活动的调节作用。自主神经系统是人体的神经中枢，掌管着所有器官的运行。一旦由于诸如长期压力等因素导致发生自主神经系统失调，引发的后果十分严重甚至可能致命。目前，由紧张和压力直接或间接引发的疾病发病率升高，考虑到这一状况，树木等植物对自主神经系统的这种特殊的预防和调节作用就显得尤为重要。

树木、树林和大自然帮助我们保持和恢复健康的另一个重要方面，就是对我们免疫防御系统的作用。

树木与免疫防御

你有过假期生病的经历吗？我小时候这种事可经常有。假期里，我们会到乡下或者山里去，在爷爷奶奶或者亲戚家住一段时间。这时我们这些孩子中总有人咳嗽，有人打喷嚏，有人发烧。有时候我们三个孩子同时发生这些状况。但是我记得有一次，我们来到一个度假村小住，三个人很快就都没事了，我们在那里待得很舒服。不是总有人劝我们要多呼吸新鲜空气，或者去旅行吗？当所有人都盼着你到外面去玩的时候，你就什么病都好了。当然，反正我们是好了，而且多少比一般情况下好得快。但是我却一直没来由地坚持认为，这要归功于乡村和附近的树林，它们就好像自然灵药一般，让我们的感冒很快好了起来。

李青（Qing Li，音译）教授是森林疗法研究的专家，他也是宫崎良文教授的同事，他们合作进行了很多研究，就像每位医生一样，他十分了解一个运行良好的免疫系统对人类的身体健康来说有多么重要。这个我们身体里最精密的防御系统帮助我们抵御来自外界的威胁（比如细菌和病毒等致病微生物），但是它们对身体内部的守护作用却鲜为人知。它们需要能够辨认出器官中那些细胞不能正常工作，哪些细胞发生了变异（肿瘤细胞或病毒感染细胞），此时，对我们的生命来说，它们起着至关重要的作用。免疫系统的工作能够持续不断地进行，这要感谢抗体、前面提过的脂联素以及许许多多各司其职的细胞。每时每刻，免疫系统都要将潜在的危险挑拣出来，激发辨识和防御机制，对成千上万的致病菌建立免疫。当这种机制败下阵来的时候，入侵者就占了上风，人就会生病：如果“敌人”是我们没有注射过疫苗的季节性病毒，人就会患上流感；如果“敌人”是能逃过防御系统的肿瘤细胞，那么就会患上癌症。

如果入侵者比防御系统更厉害，就会发生上述的情况；不过也可能由于某种原因，防御系统不能正常工作，或者防御力变弱导致上述情况的发生。

我们谈到儿童的时候，已经说过，适当让他们接触多样、均衡的微生物群落，也能帮助他们建立坚固、有效的免疫系统，而这样的微生物群落在丰富完整的自然环境中就能找到，比如一座树林。但是再强的免疫系统在生命的发展过程中也有变弱的可能，身体上的疲劳、食物的匮乏、压力、污染、有毒物质，令免疫系统暂时或长期溃败的可能因素有很多。对儿童来说，与大人一样，压力的影响也十分深远。

经常到多树的自然环境中去，到树林中去，似乎也能帮助修复免疫系统。这正是李教授的研究团队重点关注的研究课题。

免疫防御系统的重要部件之一是由一种特殊的细胞构成的，这种细胞能够对名字有点吓人的 NK 淋巴细胞发生响应，NK 代表的是自然杀伤（Natural Killer）。顾名思义，这些细胞的任务就是锁定和消除敌人，对它们来说，“敌人”主要就是指肿瘤细胞和被病毒感染的细胞。好，NK 细胞对周围环境极度敏感：比如，在长期的紧张和压力或衰老的情况下，它们的能力会减弱；长期暴露于被污染、有毒的环境下，它们的数量也会大幅减少，效力锐减。当它们的数量减少、能力减弱时，其防御力也就自然被削弱了。

李教授的想法是利用 NK 细胞的这种特殊的敏感性去量化免疫系统是否在进行森林疗愈的过程中发生了快速且可测的反应。我们知道 NK 细胞在承受压力或呼吸有毒气体时会减少，现在让我们来看看，当我们在能够缓解或消除压力效应的环境中漫步时，当我们能够畅快地呼吸新鲜的空气时，当其他某些因素或许在同时发生作用时，会发生什么事情吧。

研究者召集了一组被试样本，他们来自压力最大的人群（在东京从事商务工作的人）。在出发前，研究者测量出被试样本体内 NK 细胞的数量（少之又少），然后带着他们到山中小住三天，并根据既定的规划，让他们到树林中漫步，以及在酒店房间里冥想。结果：被试样本体内的 NK 细胞增长了 40%，真是个可喜的结果，甚至还有一些抗癌蛋白随之增多。这种增长一直持续了一段时间，这项活动进行后一个月，NK 细胞的数值仍然比出发前多 15%。

有人可能会提出反对意见，根本没法确证这是森林的作用。也许只是身体得到了锻炼、徒步行走带来的好处呢。那么也许只需要一间健身房和一台跑步机就可以了。

但并非如此。李教授和他的团队成员都是严谨的科学家，他们设计的实验已经将这些因素考虑进去了。在树林中进行了活动和漫步的实验后，他们又让被试样本在城市环境中也进行了一番漫步，而 NK 细胞（以及前面提到过的蛋白）的数字根本没变。

树木、花园和树林真的能对我们的免疫系统起到作用。

这种作用是怎么发生的呢？这肯定与压力及其特性有关，与树木和森林对压力的缓解作用有关。压力环境和长期紧张都会对人的免疫系统产生危害力极强的作用。还记得我们之前讲过的更新世原始人的故事吗？控制警醒状态的机制会使资源的调用发生变化，能量被主要用来维持生存。那些对维持生存来说不那么急需的系统就会遭到削弱，其中就包括免疫系统。人要解决的当务之急是应对潜在的凶猛掠食者，对于一个狩猎—采摘者来说，这个时候把身体资源用在生产来年冬天用的流感病毒抗体实在太不应该。还是等不需要如此保持警惕的时候再生产抗体比较好。

在长期压力状态下，激素被持续刺激分泌，这对免疫系统来说可不是什么好事；服用可的松的人（可的松就是我们前面提到的皮质醇的类物质，而皮质醇是“压力激素”）都知道，服这种激素要严格遵从医嘱，而且服药期越短越好。因为，这种物质会令身体面临防御机制不工作的风险。当人在自然环境中待上一段时间，激素水平就会逐渐趋于平衡，新陈代谢和神经系统就会允许主导让人心情平静的器官各司其职，其中就包括免疫细胞和抗体。

李教授的研究揭示了一个很有趣的事实，这可以解释树木和树林如何在很短的时间内，几乎是瞬间便开始对人发生作用：因为树木会分泌一种物质，不同种类的树木分泌量有些微差别，这种物质似乎会直接作用于我们的机体，发生某种功效。它叫作植物杀菌素，属于挥发性的芳香类物质，在自然界中，我们主要通过呼吸来摄取（但是我们通常毫无察觉）。对分泌它们的植物来说，植物杀菌素主要起到天然杀虫剂的作用，事实上，这种物质如果剂量过多，有可能变成毒素；但如果浓度很低，就像树林的空气中弥漫着的那些，对我们人类来说似乎就具有一种很神奇的功效，包括降血压作用、免疫刺激作用、抑菌作用等。总之，它会直接对我们的身体各方面指数产生（良性）影响，比如血压、心率，甚至一些免疫系统功能。对不同植物分泌的植物杀菌素的特性，人们开始有了越来越多的认识。比如，针叶树会分泌含油萜烯树脂，这种物质令人更具活力的效果尤为显著。在阔叶林中，人们则会感到十分舒爽放松。

你从来没到过针叶林？那你有没有闻过松树散发出的幽幽清香呢？那才叫真正清新健康的空气呢！

“在松树下，祝君好梦。”
——巴尔干地区传统摇篮曲

我曾在一座小城里从事小儿神经精神医师的工作。一天，来了一位新患者，是个八岁的男孩，他的父母陪他前来求诊。他求诊的原因不止一个，但最重要的一个是老师建议他来，因为这个

孩子在理解能力和课堂听讲方面都存在行为障碍，他无法集中注意力，有时易怒，经常焦躁不安，忧虑。上述都属于焦虑的典型症状。

遵循导师们曾对我的教导（“优秀病历是优秀诊断的基础”），我耐下心来，开始按照惯例进行问诊，了解患者的情况：孩子的成长过程、家庭、生活环境、生活习惯，等等。突然，有什么在我脑中敲响了警钟，房间里装了电视机、不规律的生活节奏、不固定的作息安排（怎么了，这些有什么用？）……专业诊察和医学评估都确定了我最初的判断：这个孩子的身体和神经精神都没有病。对于他学业、情绪和焦虑上的障碍，也没有什么病理学的解释。唯一的问题就是长期睡眠缺乏。

睡眠的作用可不能低估，因为睡眠与我们的身体健康关系密切，与我们的精神和心理更是息息相关。比如我们前面说过的免疫系统就会受到睡眠质量的重要影响，当睡眠缺乏时，免疫力就会下降。

然而我们生活的时代就是这样一个习惯少睡的时代。原因有很多：触手可及的电视和网络、长时间的工作、夜生活、干扰睡眠的噪声、孩子的打搅，以及其他林林总总的干扰因素……在过去的五十年中，成年人的睡眠时间越来越少：从平均每天8~9 小时，缩短到平均每天 6~7 小时，甚至更少。很多人认为，睡得少没什么好在意的，甚至还是件好事儿，睡得少意味着有更多时间，能有更高的效率。但是要付出代价。对于孩子来说代价更高。

因为如今的孩子除了在各自的年龄段有着各不相同的问题外，普遍饱受睡眠缺乏的困扰。孩子的睡眠缺乏问题，原因也有很多种：其中存在一些难以克服的客观难题，还有生活习惯和教育方法的问题，这些是可以改变的。老大夫们口中的“睡眠保健”早已不再流行，人们不再有意识地帮助孩子建立规律的就寝时间，也许因为人们忽视了睡眠对孩子的重要作用。优质睡眠对孩子来说至关重要。随手可得的令人亢奋的刺激源对睡眠毫无益处。卧室里的电视、玩电脑 / 平板电脑 / 手机，玩到很晚，这些现象我们似乎司空见惯，这些都导致孩子睡得不够多，睡得不够好。

仅从身体方面来看，后果就已经很严重了。对成年人来说，睡眠不足会增加心血管疾病风险，对传染病更易感，因为在睡眠不足的情况下，免疫系统就不那么敏感了。有人甚至认为，睡眠不足会使死亡率升高。而在精神层面，睡眠不足带来的影响就更显而易见了，短期睡眠缺乏带来的后果众所周知：情绪欠佳、难以集中注意力、难以清楚地思考、易怒、易感伤、体弱无力、缺少动力、易犯错。长期睡眠缺乏会增加生理和心理疾病的发病风险。

对于儿童和青少年来说，在成长和发育阶段，睡眠缺乏会导致更严重的问题。我们应该知道，睡眠是激素系统最主要的调节器，除了调节中枢神经系统的功能外，睡眠还起着调节葡萄糖代谢、心血管功能的关键作用。因此，睡眠不足或睡眠质量差，也就理所当然地可能导致不同器官的不同问题，而这些问题越来越多地出现在未成年人群体中。从心理和行为层面看，儿童和青少年与成人不同，一旦习惯性睡眠不足，就有可能存在两极化情绪的问题，而人们通常会忽略导致这种现象的睡眠不足问题。在不同的年龄阶段，这种反应还与频繁发脾气、哭闹、充满敌意、焦躁、自我控制障碍、无法解决问题等问题相关。睡眠缺乏与学生成绩下降之间存在关联，甚至还与青春期不良态度存在关联。长期睡眠缺乏可能使儿童发展出抑郁型人格和焦虑症症状。就像我之前提到的那位患者一样。

现在，毫无疑问，长期睡眠缺乏会导致各种各样的问题。那么，我们为什么要在一本探讨树木的书中谈到这个问题呢？因为在这个问题上，自然元素也有可发挥的作用，作用的大小因情况而异。这种作用可能一方面要归功于树木和自然对大脑和神经系统的安抚作用，以及对压力的疏解、缓和作用；另一方面要归因于一些间接作用，比如身体的大量活动；还有一个方面就是营造更好的睡眠环境。人们整体变得更加“绿色”了，也就是说，如果人们生活在有更多树木及其他自然元素的地方，或者经常去往这类地方，对睡眠就有好处，对孩子来说也是一样。对有睡眠障碍、入睡困难、失眠、易醒的人，森林疗愈具有极大益处。“从小到大，我从来没睡这么好过。”一个从事法官助理工作的人这么说。他的日常工作十分繁忙，为了改善睡眠，他几乎不顾一切地选择了在林中旅馆里待上几天。即便是在日常生活中多一些接触自然的体验，睡眠质量和时长也能得到类似的改善；只需要更多、更规律地让树木、公园和花园对我们产生好的影响。

山毛榉

一年四季，树林都有自己的魔力。夏季走进树林，就像一头扎进沁凉的湖水；从阳光暴晒的石头路上走过，凉爽的树荫在向你招手，让你驻足不前。只需一会儿，你的眼睛就能适应新的光线，这里的光线不像其他地方那么刺眼。在大树脚下，低矮的植物好似铺就一张红棕色的大地毯，这里是令人觉得安全舒适的环境，灰色的树干上方，翠绿欲滴的树冠蓬勃茂盛。树林像一座古老的巨大神庙或宫殿，树干就是它的石柱，这里有无数个房间、厅堂和长廊，叶子间晃动着树影，仿佛在召唤你，来啊，继续前行啊。很快你就会迷路了。可是，路就在那儿呢，只需要下去一点就找到了……离开此处继续前行甚至会令人觉得有些许遗憾。

秋天的萧瑟初露端倪，人们不禁会觉得，山顶上长不了山毛榉了。山下有一片树林，而山顶却光秃秃的，全是石头和黄黄的草，此外只剩天空和风。寒冷先抵达山顶，那里的树叶先褪去颜色，看上去色彩斑斓。山的绿色外套自上而下，逐渐变得金黄。在较低矮的地带，在尚且翠绿的树海之间，有一些老树跟那些勇敢生长于险峻光秃地带的年轻“树中豪杰”一道，率先换上新装。很快，整片树林都渲染了秋天的颜色：金黄和金红，但这还不是结局，树叶最后会变成暖褐色，这时它已经枯萎了，只是还会在树枝上待一段时间；然后，从某一天起，叶子开始飘落，直到某一天，叶子全部落完，树就会变得光秃秃的了。

冬天的山毛榉，树干仍然高耸入云，北风瑟瑟的日子，天空淡蓝，而多云的日子，衬着它们的则是铅灰色的天空。山毛榉的树干是灰色的，它们像军队一样挺拔笔直地矗立在山坡上，又像一群向天空张开怀抱的巨人，排列着近乎规整的队形。而我呢，为何要来此处？风在树枝间呼啸。脚下，落叶铺就的地毯就像一片泛着红褐色光泽的海洋，沙沙作响，踩在上面好似踏浪而行。四周好像全一样，而每处细节又好像全不一样，一边走，一边就会遇到意想不到的惊喜。这古老的参天巨擘，不知道在此处守望了多久？一只我叫不上名字的小鸟在鸣叫，大树已经无法为它提供庇护，我看到它迅速飞到天空中的身影。清晨的寒冷让林中空地上的草变得干脆。在小路两旁，苔藓看上去分外翠绿，而树干和石头则显得越发灰冷。然后就要下雪了。

说来奇怪，对我来说，春天是下雪的季节。也许是因为，雪中藏着某种预示：在大雪之下，蛰伏着生命，冬去春来时，它们又会重焕新生。当然了，在数不清的枯木之间，一切都还要银装素裹上一些日子，寒冷也将持续一段时间。四周好似蒙上了一层毯子，安静无声。整座山屏息凝神。只能看到狐狸或鹿从雪中踩过的脚印。然后，突然有一天，光线发生了变化。走进树林，雪不再那么白了，而是泛着一点玫瑰粉，甚至有些淡淡的紫色，光透过山毛榉的枝条洒落，那些枝条上，已经开始冒出小小的鼓包，那里就要萌出新芽了。整个冬天，生命都在大雪之下暗自努力，而春天的第一片嫩叶，宣告了它的胜利。

第6章

树林中的神经科学

在美国诗人罗伯特·弗罗斯特的一首著名诗作中，第一人称的叙述者正在一个冬日走在回家的路上。他骑着马，也可能是坐着马车，穿过一片树林。突然间，他停了下来，四周没有房子，没有屋舍，似乎完全没有驻足的理由，唯一的原因就是因为此情此景过于美好。旅人对此无比欣赏，不吝赞美，那树、那暮色、那落雪、那寂静，被马儿打破了，因为突然地意外停下，马儿弄得马具叮当作响，似乎在问：怎么了?

诗的最后一节尤其表达了一种宁静的气氛，一种恬静的觉知，一种对大自然杰作的赞叹和赏味。在我们充斥着责任和义务的日常中，尤其应该珍视诗中所描述的那种心境。

树林是如此美丽，深邃而幽暗，

然而我还坚守着不可违背的诺言，

入睡前，还有很长的路要赶，

入睡前，还有很长的路要赶。

——罗伯特·弗罗斯特　《雪夜林边小驻》(1923)

宁静的气氛、恬静的觉知、赞叹、赏味……这些情感和思考，读者能够从诗中品读出来；经常到树林中，沉浸于大自然的人，也能够从中得到心灵上的共鸣。大量接触树木等绿色植物，能够令人心态和缓、得以安抚、心中充满赞美。只要能够尽可能多地贴近自然去体验，大自然中的树木等绿色植物就会对人的精神和心理起到这样的作用。而这也是大脑和神经科学家们感兴趣的课题。

瑜伽、禅修院和科学家

实际上，从很古老的时候起，人们就认识到自然环境和树木对人的心理有着安抚功效。那种平和、踏实、放松的感受，几千年来一直伴随着人类。在如今的瑜伽和东方的很多禅修院中，这种理念广为传播。大自然中的树木等绿色植物通过某种方式，能够对人的精神和心灵进行“净化”，让人远离俗世琐事，让人重新归于和谐，与自己的心灵顺畅地沟通。20世纪初，约根德拉·马斯塔玛尼离开祖国印度，到美国授课，他明确宣称“看到树木和自然风景能够帮助大脑代谢，让神经系统活动归于平衡”。[45]；在当时看来，他的这种理念显然是比较前卫的，甚至比现代神经影像技术的实验结论还要早。在（但不限于）西方世界，古老的庙宇和寺院都建在与世隔绝的自然环境中，这除去为了达到让修行的人远离凡尘、不被干扰的目的，以及土地划分的要求外[46]，或许也与类似的理念相关。

人的情绪和心情究竟因何而变？在森林漫步的体验究竟会给中枢神经系统的功能带来哪些影响？森林体验究竟与瑜伽大师们的主观体验和诗人作家笔下德高望重的修士之间是否存在确凿、可量化的联系？幸运的是，在现代化的今天，我们得以通过科学实验的数据来验证这种理念，并揭示其背后的原理。我们能够科学地向世人展示，当我们置身大自然中时，大脑功能究竟发生了哪些变化；关于这些变化的意义和重要性，我们能够进一步证实自己的推测：它们究竟让我们的头脑和生存方式得到了哪些经验呢？

很显然，接触树木，接触自然给人带来的心理上的变化并非大师和文人的专利；这也是科学家们经年累月研究的课题，甚至可以追溯到很古老的时代。18 世纪法国精神病医师皮赛格尔（Puységur）就注意到了这一点，他发现，当情绪特别激动的人看到树木和花园时，往往能够得到安抚。再晚一些时候，有人认为，

45　约根德拉，1959。

46　还有，我们可别忘了，在古罗马帝国衰落后，人们还要让荒芜的土地重焕新生。

凝视树木和绿意盎然的自然风光能够抑制大脑左半球活动，而增加右半球活动，从而让人的大脑功能整体趋于和谐。这种观点认为，树木和绿色景观能起到均衡作用，能让由于某种原因变得混乱的功能重新协调。但是，这种观点仍然停留在理论思辨的领域；人们很难直接实实在在测量到大脑的变化，那时候还不具备相关的技术和仪器。但是，已经有一批研究树木、心理学、脑科学的科学先锋，用间接的方式尝试对这个课题进行最初的探究，他们从心理现象入手，最终得出大脑功能的相关结论。我们接下来会谈到。

今天，我们甚至能够“看到”真正鲜活的大脑活动，也就是在工作状态下的大脑活动。我们掌握了方法，具备了仪器，能够跟踪观察当人思考、完成特定活动或对特定环境刺激进行反应时的大脑活动。例如，当人看到树木、绿色植物和自然环境时。

树木与大脑 1：苏格兰慢跑

直接看到活动状态下的人体内器官，这曾是古时候的科学梦。埃拉西斯特拉图斯是古希腊时期的著名医学家，他的研究主要针对血液循环，甚至还做过一些活体实验，还取得过关于人类意识的巨大进展（埃拉西斯特拉图斯被认为是解剖学和生理学先驱，与他同时期的还有希罗菲卢斯），他可怜的实验对象可遭了殃。

事实上，为了实验的完美性，研究者希望能够一直观察正在工作状态下和正常条件下的人的器官，也就是说，在不受干扰、并非调集整个机体的情况下，器官的工作状态。但当时这也许是远不可能的。

怎样才能在不动刀、不打针、不手术、不焦虑的情况下，也就是在正常机体活动的状态下，观察活动状态的器官呢？如今，影视剧作能够轻松向我们展示这一画面，图像技术可以通过特效来还原这些过程。但其实这一切远非这么简单，仅在十几年前，这还是一个难题。尤其是像大脑那么精细的器官。

人们对观察活动的大脑功能所做的最初的尝试之一，就是观察我们大脑，尤其是神经元自然产生的放电活动的情况。监测大脑放电活动的思路，最早来源于伽尔瓦尼和他可怜的小青蛙。伽尔瓦尼揭示了神经脉冲能够令肌肉收缩；从这一思路出发，演进到发现整个大脑都或多或少会“发号施令”，中间的过程其实没有多长。即便人们花了一个世纪、做了无数实验，才从电生理学发展为我们今天熟知的脑电图描记技术。

当我们在电影中看到某个人物脑袋上连着许多电极，一旁皱着眉的医生在仔细研究着电脑屏幕上曲曲折折的线条时，我们就是在见证一个脑电图描记过程（Electroencephalogram，简称EEG）[47]。就像对心脏做的心电图一样，当人的器官工作良好的时

47 《夺宝奇兵》系列电影的最后一部《夺宝奇兵 4：印第安那纳 · 琼斯与水晶骷髅王国》中，有一个脑电图描记的场景。

候，图上的曲线会告诉人们“一切正常”。我们已经学会读出线图的变化和异常，通过这些图形的变化和异常来推测出它们究竟意味着什么，什么时候该警惕起来。脑电图能通过一系列波状图，帮我们将大脑活动可视化。当然，创造一种能将像我们大脑这样精密复杂、同时有数十亿细胞在工作的器官的电活动精确地展示出来的方法，绝不是一蹴而就的。更难的是读懂这些图，解码这些复杂的曲线，需要大量研习线条和波形，才能读懂其背后的意义。

虽然技术在不断更新迭代，但是脑电图描记技术仍是当今最常用的临床和研究手段，既经济，又没有侵入性，而且不需要暴露于射线之下，操作也相对简单一些。如今，这项技术已经取得了长足的进展，我们有了越来越准确、可读性越来越高的机器。尤其是软件和算法的发展，能够更好地将大脑发出的信号传达给我们，根据思维、情绪和行为活动，呈现出相应的图形规律。

在苏格兰，一项不久前完成的研究用到了最新的便携式脑电图描记设备，这些设备非常小巧，在人们晨练时就可以完成对数据的读取。研究旨在揭示人们慢跑时四周环境为脑部活动带来的变化。慢跑者们会分成三组，其慢跑路线分别经过：a）公园和其他自然元素较多的环境；b）城市中的步行区域；c）城市中车来车往的马路上。在非自然环境的步行区域，还会设置额外的限制，以便排除交通工具带来的干扰，以及自然和树木带来的影响。

这项研究的主要目的是为了弄清楚，在城市中或在公园中跑步究竟会不会让大脑功能发生变化；更多是为了确定处于不同环境时，人的思维活动是否具有特定的“模式”。实验人员利用脑电图读取和分析技术，确定了被试样本的心理和行为特点，也就是说，他们能够通过波形图数据了解人当下的思维和情感状态。那么结果如何呢？首先，EEG 活动记录下了不同环境下不同的波形图。在公园里、城市步行区域或车水马龙的街道上慢跑时，我们的大脑活动大相径庭。

此外，波状图显示，在绿色和自然环境中慢跑能降低精神状态中消极和紧张的水平。当慢跑者在公园和树林中慢跑时，相较于在城市街道和步行区域跑步，其情绪明显更为平和，精神状态也更舒适、平静、凝神（即便在做高强度身体训练时也是）。另外，这项研究的结果显示，在公园或其他自然区域跑步时，“精神积极模式”得到激发，情绪能够得到明显提高，根据研究者推测，这个过程能够对人进行情感修复。

有趣的是，这些以脑电图为基础的现代科学研究结果与当初那些主观思辨所持观点不谋而合。

既然我们谈到了慢跑，就有必要进行进一步说明。须注意的是，这里并不是说只要到户外进行运动就能有效调和身心和精神状态。自然环境对进行体育锻炼确实能够起到相关作用，但是仅限于较平和的锻炼。其中可以允许有一定强度，包括慢跑，但重要的是能够令自己沉浸于周遭解压的自然环境中。最重要的是，不要给自己设定严苛的训练目标或者不顾一切要取得的成绩，这样只会徒增压力。在森林中跑步，耳朵里却塞着耳机，沉浸在吵闹的音乐里，或者脑子里只想着要比前一天坚持得久一点，好能把训练结果发到朋友圈上，进行这样的体育锻炼，得到的好处仅限于心血管。甚至，这样的锻炼有可能让压力水平比训练前还要高。[48]

方法及其局限

就像我们前面说的，脑电图描记能够显示整个大脑的电活动：它让我们得以通过波形图观察大脑的工作状态，波形图上的线条起起伏伏，其复杂程度因用到的电极的多少和所用的算法而异。EEG 是目前最好的方法，但是也有局限。它无法进行空间限定，或者说通过波形图，人们无法确定活动数据（或异常）来自大脑的哪个确切部位，要得知确切部位，需要进行大量分析和解析工作。

不过，就像在其他领域一样，探究置身自然环境时究竟激发了哪些大脑区域的活动，也是树木与大脑的研究中非常令人感兴趣的一个课题。要完成这个课题并不容易，因为我们需要某种仪器，能够以非侵入式的方法，从空间视角呈现动态、精准的大脑

---

48 正缘于此，一些自然疗法爱好者产生了犹疑，尤其是创立了森林疗愈“培训”，制订了许多疗法、日常打卡计划、每日达标检测计划的北美人。“现在你们可以放松了！你们打卡成功了！多呼吸森林的新鲜空气吧。”要是不用花那么多钱进行“培训”，或许大家真的能开心些！

活动，而且这种仪器还要足够小巧便携，以便在各种实验环境下使用，因为我们的实验是要“看到”被试样本置身于自然环境中时的大脑活动，而不是在实验室里。

要观察工作状态下的大脑活动，有几种方法可以呈现神经元的电活动情况。比如，我们可以测量血流。就像所有器官一样，大脑组织也需要足够的氧气和能量循环供应，以及将细胞代谢废弃物及时清除，这正是血液、心脏和循环系统的工作。当身体的某部位工作得更努力一些时，就需要血液更多地流到那个部位去，因为那里的细胞需要更多的氧气和能量。那么，测量各身体部位血流量的变化就能帮我们了解某一时刻身体的哪个部位在活动。

自然，这对大脑来说也同样适用。只要能测量受到一定刺激时不同大脑部位的血流量变化，就能知道这时是大脑的哪些部位在活动，哪些部位在蛰伏。只有我们具备足够的关于大脑分区功能的知识，我们才能对置身自然环境中时大脑的运行状况进行一番推测。

另一个理论基于成像技术，如今被广泛使用，但仍缺少准确性：功能性磁共振成像（Functional Magnetic Resonance Imaging，FMRI）。这种技术利用我们体内的强大磁场和分子特性，用磁共振技术对身体的解剖结构进行精准成像。这也是一种能够有效跟踪观察脑部血流变化的技术手段，能够准确清楚地呈现某一时刻大脑中各部位的活跃程度，我们在媒体上看到的有关神经科学新发现的报道所使用的图片大部分都来自 FMKI。但遗憾的是，

FRMI 无法用于野生环境研究，也无法进行大量采样。因为要使用这项技术需要遵守一系列严苛的规定，而且很难应用于很多人组成的群体，同时，其设备体积庞大笨重，昂贵至极，只能在特定环境下操作。

不过，还有一种很轻便的设备可以用来观察一般环境下的脑部活动，这种设备叫作近红外光谱仪，即 Near-infrared Spectrophotometer，也被叫作近红外分光镜。这种设备也是利用血流变化来观察脑部各分区的活跃程度。但是这种方法是采用光学成像（非磁共振）技术来对大脑特定部位的毛细血管中携氧血红蛋白的饱和度进行记录，来确定某一时刻大脑各部位的活跃程度。利用这种技术获得的成像并不那么清晰，但是通过它所能获得的数据也已经足够准确，足够用来判断被试样本大脑各分区的活动情况了。

树木与大脑 2：日本漫步

运用近红外分光镜技术来探究大脑动能，同样要经过长年累月的研究。长期以来，相关研究设备都过于庞大、易损，需要在实验室环境下精心维护，即便有各种各样的限制，它们仍为我们提供了很重要的数据结果。如今，这种技术的适用范围扩大了，科研人员可以在树林和花园中对进行自然沉浸体验的被试样本进行测量了。

还记得宫崎良文教授和他的实验团队吗？我们在第 4 章的时候曾经讲过他们的故事，他们曾对一组进行森林疗法的被试样本进行过生理参数的测量研究。几年间，他们在日本多地进行实验，取得了重要的研究成果，他们确证了森林沉浸体验会给人的身体带来一系列压力相关的恢复性、改善性的变化。

接下来，宫崎良文教授对森林疗法进行了更深入的研究和证实。在最近的研究中，研究人员在原有基础上增加了血压、心电图、皮质醇等测量参数，其中还包括一项大脑活动指数。为了做到这一点，研究人员一直等到技术成熟，相关设备研发成功，他们用上了一台便携式近红外光谱仪，其测量精细准确，能在野生环境使用。因此，在最新研究中，研究人员用这台机器为参与实验的志愿者测量了森林体验前后的大脑活动，同样，也在城市环境进行了测量。

正如我们所见，近红外光谱仪通过测量大脑各区域携氧血红蛋白的浓度，能够显示出大脑中特定区域的活跃程度。其中，测量特别关注了大脑的一个区域的活动，那就是前额叶皮质。

小插曲：为什么是前额叶皮质？

与理想中的田园生活比起来，当今的都市生活中总是需要不断应对问题、要求、任务、警告，以及种种需要集中注意力去做的事情，需要对这些刺激及时作出反应。其中有些是要事，有些是琐事，我们要谨慎取舍，被动承受，但是无论如何，是出于时刻紧张的环境之下。如前所述，这一切都很有可能激发压力机制（肾上腺素、皮质醇、交感神经系统……）。对现实需求来说，这是一种持续过度紧张的状态，它令人一直处于警醒的状态下，经常会表现出相关症状：高血压、心率过速、压力激素分泌紊乱，等等。

这里面只提到了激素、心跳、血压，以及自主神经系统，因为这些都是相对比较容易测量的参数，长久以来我们都是依据这些参数来判断机体的健康状况。但是现代都市生活还影响到人的精神状态，这种影响能够反映在大脑活动的变化中。

对我们的精神活动来说，现代生活方式究竟意味着什么呢？让我们来思考一下：我们总要不停地处理复杂的任务，要权衡、分析问题和情况，要优化策略并采取行动，要规划、组织……我们要不断在迷宫般的大街小巷中摸索方向，要去理解图画、理解概念，试图一直保持专注。我们驾驶车辆，运用技术。我们要从成千上万的刺激中寻求解脱，尽可能地找到能为我们所用的东西。电子屏幕对我们进行信息轰炸，其中有的信息很重要，但是大多数根本没什么用。还有形形色色的社会关系需要我们去维护。不仅如此，我们还要假装自己能够同时做到所有这一切，打肿脸充胖子也在所不辞。

简而言之，或者用学术化一点的语言来说，现代生活要求我们的大脑保持紧张状态，为完成复杂的认知和执行活动而时刻保持活跃——专注、规划、推理。而在这个过程中，前额叶皮质扮演着举足轻重的角色。

事实上，居于都市、技术控的现代智人，生活在一个前额叶皮质长期保持过度紧张状态的环境中，因此它只能饱受过度活跃的折磨。在循环系统中，肾上腺素持续过量分泌、血压居高不下会有损健康，大脑前额叶皮质的这种持续、过度活跃的状态也会引发问题，它会令机体的资源不断地只向一个方向输送，而置整体于不顾。也难怪我们总是感到难以集中注意力、易怒且毫无来由地想发脾气，同时常常头脑不清、身心俱疲。这种精疲力竭的感觉其实是过度用脑的后果。

树林中的大脑

针对森林疗法的研究显示，“森林”环境能有效减少压力给身体参数带来的变化。因此，我们有理由认为其对于大脑活动也具有影响；实验结果表明，由于我们前面提到的原因，这些发生变化的大脑活动主要集中于前额叶皮质，以及由前额叶皮质控制的思维活动。

宫崎良文教授及其团队最新的实验结果证实了这一点。因为，除了能确定压力指数趋于平稳外，新派上用场的红外光谱仪也帮助研究者证实了森林沉浸体验会对大脑活动产生一定的影响，即能减少前额叶皮质的活跃程度，而在城市中漫步的时候，这样的变化就不会发生。[49]

这意味着什么呢？为什么这个事情这么重要呢？这个问题与由树木等绿色植物发挥益处的机制有关。

在日本进行森林疗法实验期间，用便携式红外光谱仪进行的实验精确地呈现出了大脑活动的变化。当人在树林里散步或者在欣赏有大量绿色植物的风景时，这一在现代生活中饱受折磨的重要大脑部位前额叶皮质的活跃程度就会降低。前额叶皮质的活跃程度降低也就意味着认知和执行功能就能得到休息。可以说，在让人放松的森林或自然环境中，掌管注意力、推理能力、规划能力的思维功能能够从持续紧张和过度活跃的状态过渡到得到休息的状态，从而恢复到正常的活跃程度。这样或许能令其在持续高强度的工作后得到修复。

所以我们可以得出结论：森林沉浸体验能够让过度活跃的大脑前额叶皮质得以安抚，重新让大脑功能恢复平衡。但是这个"平衡"至少包括两个条件，而且，如果说在树林里前额叶皮质的功能得到了修整的机会，那我们还得弄清楚，在同样的条件下，大脑里是否有其他部位变得比之前活跃了。

事实上，在自然环境中进行柔和的运动，似乎能让某些大脑深部区域活跃，其中包括脑岛和基底神经节。脑岛和基底神经节

49　这个结果是在前面的研究之后进行的一个后续实验得出的，前面的研究中有些是在实验室中完成的，只用图像作为刺激。在户外进行的实验则能够确保结果的准确性，因为保证实验条件的纯净，是基于真实的自然沉浸体验。

都是十分复杂的大脑区域，直到现在我们也还没有完全清楚地了解它们的功能。但是我们知道，它们都在生命体中发挥着重要的作用，比如控制意识状态、运动控制及维持生理平衡，即维持机体的整体平衡状态。在我们讨论的树木和森林给我们带来的好处这个问题上，这一发现很重要。但是，除了与愉悦和舒适的感受密切相关以外，这些区域还关系到记忆功能、共情功能以及很多其他复杂的人类情绪—感情控制。此外，在一些认知方面的问题以及人际关系问题上，这些区域都起着很重要的作用。

就此，科研人员有了令人着迷的新研究视角。

自然冥想状态

所以，这种在森林或花园中漫步时体验到的平和与放松的感觉，可以在神经生理学的层面上得到解释。神经成像研究的最新结果证实了，古老的瑜伽中所说的自然冥想具有安抚甚至“净化”的功能，它能够缓解现代生活中过度用脑带来的后果，最终令身体重新恢复平衡状态。

实际上，置身树林营造了一种环境氛围，在这个环境中，人们不需要一直紧绷神经，也不需要时刻准备做规划、计划，或者为了满足内心需求、迎合社交需求而时刻注意协调思想与行动……所有这些都需要前额叶皮质的密切参与。置身于树木等植物之间，本身就为自己提供了一个环境条件，抑制大脑进行过度的执行和认知活动，这个环境令人的状态发生转变，感觉更加和谐，不那么紧张。因此，贴近自然，让前额叶皮质的活跃程度回归正常，也许正是这一改变能够让过度紧张的大脑功能得以喘息。同时，这一过程似乎还能刺激某些大脑深部区域，这些区域与情感管理、舒适感和整体的经验感受相关。

这些大脑深部区域的活跃和大脑功能的复原，能够使人感到平和、有较为清楚的意识，许多长期生活于自然和野生环境中的人都会这样说：对自我、对周遭环境的整体觉知被动又清晰，放松又敏锐。是一种令人神清目爽的安逸心境。[50]

这是一种令人感觉超然的身心状态，但是也是一种很难从主观上达到的身心状态，也许只有“修行”很高的人才能做到。事实上，有些人在打坐时，大脑活动就能够到达类似于自然沉浸体验中的状态。树木和树林似乎能够帮助我们的身心趋于这种境界。我们今天所说的“正念”练习，如果在自然环境中进行就会事半功倍，这就是原因。

这里面有一个事情很有意思，那就是上面说的这些功效完全

---

50 M. 瓦扬（M.Vaillant）的杂文集《虎！》（*Tiger!*, 企鹅出版社，2009）中就讲过这样的例子。埃诺 · 马丁（Henno Martin）的作品《身藏大漠》（*The Sheltering Desert*，1956）中也有类似的例子，这部作品是一本日记，记录了二战期间作者被迫藏身于纳米比亚的沙漠中的两年生活。

不取决于主观情感上的意愿，也不是出于主观寻求愉悦和积极体验的目的。森林疗法在神经生物学角度上的功效，就像在身体上的功效同样（比如血压、皮质醇……）十分显著，即使在那些主观上认为待在自然环境中“很无聊”或者“很恼人”，甚至“太讨厌了”“毫无意义”的被试样本身上测量出的结果也是。

就算你并不觉得待在树林里有意思，树林也待你不薄。

树木与大脑 3：疲劳的精神与令其焕发的环境

目前为止，我们谈到过的研究都在探究一个问题，那就是当我们走进自然环境时，大脑究竟是怎样工作的，这些研究都试图令工作状态下的大脑活动“可视化”，比如测量大脑复杂的电活动或者不同脑区域的血流量变化。

还有人从其他视角来观察，当我们置身树林和自然环境时大脑发生的变化，通过心理实验和心理测试来关注某几种重要的思维活动以及相关的行为表现。这种典型的实验心理学方法的确对研究进展大有帮助，而且在整个研究发展过程中也是一条必经之路，因为那时候神经成像还只是一个美好的梦，当时还很难真正利用神经成像技术来研究树木等绿色植物带来的好处。无论如何，这些研究取得了十分前沿的发现，为相关的研究打开了一扇崭新的窗口，也为今天的研究指明了方向。无论在什么时代、从什么学科出发、采取什么样的方法，相关研究的结果总是殊途同归。

精神疲劳

在过去，只有为数不多的人对树木及自然与人类健康的关系感兴趣[51]，其中，蕾切尔·开普兰和斯蒂芬·开普兰（Rachel & Stephen Kaplan）夫妇在 20 世纪 70 年代进行的研究占有非常重要的地位。在神经成像时代以前，还没有红外光谱仪，没有磁共振技术，也没有其他任何简单便捷的方式可用来在野生环境中测量工作状态中的大脑，开普兰夫妇及其科研伙伴的实验为相关研究奠定了理论基础，帮助我们理解树木等绿色植物，乃至整个自然界以什么样的方式让我们感觉更好。

他们是通过心理测试的形式去探讨这个问题的，也就是通过观察外在表现来探查大脑的活动状态，包括意识状态、注意力、某些情感状态，这些表现决定了被试样本的思辨能力或解决问题的能力。在进行大量实验的过程中，研究人员令被试样本完成了特定的任务和心理测试。研究人员将被试样本分组带到了不同的环境中，按照实验计划，对不同组别的被试样本进行了不同方面的思维能力刺激，然后对这些方面的思维能力进行测量评估。这样，研究人员们就能测得各项思维活动的效率和性能，而且能在

---

51 如今这个领域其实已经有越来越多的人关注。

一段时间内对其在不同环境中的变化进行跟踪。

精神疲劳从字面上理解，就是“头脑疲乏”或者“精力竭尽”的意思，其模式的提出者正是开普兰夫妇，精神疲劳模式在后来的相关研究中广为引述，因为它的确能够很好地解释在持续过度用脑的情况下，思维状态究竟发生了怎样的变化。比如抽象思维、对多种可能性的评估、规划、辨别、注意力，这些能力不是无穷无尽的，而是会消耗，甚至枯竭的。

这种精神疲劳的状态，有点像介于焦虑和不安之间，一种很令人不舒服的状态，当我们经过了很艰难、漫长的一天后，这种感觉往往会让我们感到心力交瘁，没法再好好做点什么了。因此此时再进行工作的话，就会事倍功半，我们没法集中精力，很多事在我们神清气爽的时候能轻松完成，然而此时却变得十分艰巨。我们觉得如此疲惫，脑子像一团糨糊，因为我们的精力“枯竭”了。在这样的状态下，我们会变得十分暴躁、神经紧绷，时而无来由地发脾气。因为我们的情绪太糟糕了，一点“星星之火”就能把我们点燃。尤其是，在这种状态下，无论是不是努力，我们的效率都会直线下降，比如学习成绩或者工作业绩，在一般的事情上也是。从长远来看，这种状态可能令我们患上真正的心理疾病。

开普兰夫妇着重研究了各种现代生活方式，其生活节奏、人为刺激，及其对我们的心理产生了什么样的影响。这些铺天盖地不正常的刺激作用于我们复杂的思维功能，使我们的精力濒临枯竭。总之，精神疲劳模式将研究视角转向了我们已经探究过的现象：过度的异常刺激令原始人的大脑活动发生了变化，在现代生活的环境中，精神疲劳也是这么发生的。

在这里，我们所说的复杂的大脑功能基本上就是我们前面说的认知和执行能力，也就是主要取决于前额叶皮质等大脑区域的活动能力。其中包括规划能力、抑制冲动的能力、注意力，以及问题解决力等。有趣的是，还有创造力。

注意力和另一种注意力

很多用这种方法进行的研究都聚焦于一种特别的思维功能：注意力，因为它是整个思维系统的最佳代表。

人的注意力至少有两种形式。第一种是广泛的、间接的、无焦点的、与主观意愿关系不大的注意力，几乎是一种习惯性的注意力。这是一种令我们司空见惯的状态，它让我们对周遭环境有整体认识，而不是只关注其中的某一点。这是一种完全自觉的认知能力，不需要进行任何主动的努力。人类的这种注意力可能是物种进化的结果，它不需要我们花费任何精力，就能带给我们好的感受。在漫长的进化过程中，这种令我们不费吹灰之力便能对周遭环境有广泛意识的能力是我们的物种优势。[52]

然而，如今，我们的生活中充斥着各种各样的任务和场景，

52　在现代人的小说中，描写到人物不得不在恶劣的自然环境中生存时，经常会提到在这种广泛、笼统但又非常精准的意识状态下人的感官是如何敏锐。

要求我们更精准地专注于某一点；[53] 在现代生活中，我们要面对无数这样的场景。第二种注意力也就是我们平时提请他人注意时所说的注意力（“请注意！”）。聚焦注意是有焦点的，直接指向某一物体、思想，或具体任务，在短期或长期内聚焦于这一点，同时（尽可能地）忽略其他无关的事物。这种注意力是主动的，会消耗一定的精力。就像其他的复杂思维功能一样，聚焦注意如果被过度异常激发，就会变得疲劳，甚至达到枯竭状态，就像我们前面说的。慢慢地，这种能力一点点被削减，其效率也会降低，一直到枯竭失效为止。

让我们来想想“我们的一天”。问题、命令、警告，现实世界或电子屏幕无时无刻不在对我们进行轰炸，这些刺激不计其数，全都要求调动我们的聚焦注意力。在一个嘈杂的环境中，要看手机信息、要使用电脑、要应付来来往往的同时，还要完成如此复杂的任务，这耗费了我们的精力，让我们的身体也在完成艰巨的任务。我们时刻要对手头正在做的事情全神贯注。在马路上，要小心驾驶车辆，要看好了交通信号灯，要避开危险和障碍；与此同时，街边花花绿绿的广告也在试图抢夺我们的注意力，手机一直在响，让你总想看看是谁在找你……

于是，在典型的现代生活方式和都市环境下，人为刺激在不断调动我们整个大脑的思维活动，其中也包括我们的聚焦注意力，

53　从另一个层面上看，这些任务和场景也正是令人产生压力的任务和场景。

而且并不总是以恰当的方式。因此，在这样的条件下，大脑很快就会感到累。长此以往，就会面临一定意义上的脑疲劳。而一旦聚焦注意力的消耗达到极限，就会发生注意力枯竭，或者叫“注意力疲劳”。

注意力疲劳的后果不仅是聚焦注意力降低。当我们面临无数任务要去完成的时候，却无法再使用聚焦注意力了，并且会带来一系列如前所述的心理和行为方面的问题，用我们今天的话说，就是“崩溃”。

让人精神焕发的环境

如今，精神疲劳已经成为一个十分普遍的问题，对于这一问题的研究不仅关注问题产生的根源、对精神疲劳的心理学研究，同时也关注问题的解决方案。与疲劳和枯竭的概念相对的是修整和复原。对大脑功能来说也是如此吗？从精神疲劳这一状况的角度出发，我们能找到尽可能使其完全复原的方法吗？

从逻辑上看，如果精神枯竭与过度刺激有密切关系，那么为了“修复”疲劳，首先就要消除这些过度刺激，或者至少要减弱。因此我们要营造一个环境，一个能够减少精神损耗的环境，让相关的大脑功能得以休息。在这个环境中，还可能引入其他的东西——某种利于修复的辅助因素，能够帮助过度损耗的大脑功能得以复原。

经过不断地寻找，或者对我们来说，是经过不断地实验和研究，这种因素终于被鉴别出来：这是一种轻微地入迷状态，在这种状态下，人们能对周围的环境具有充分的觉知，同时，又能感受到愉悦和放松。想起什么了吗？对了，这就跟我们不久前刚刚谈到的自然沉浸体验带给大脑的感受差不多。在绿色和自然环境下，调动更多的是这种广泛被动注意力，而少有聚焦注意力。

因此，这种能够高效修复脑力和注意力的环境确实存在。而其中最高效的环境就是一片郁郁葱葱的树林，或者公园，甚至花园中的一个绿化角。树木等绿色植物是这种能令人重焕精神的环境中的关键要素。有这些要素的自然环境能给人提供修复注意力所需要的一切。从根本上减少了过度的人为刺激，从而令最疲劳的大脑得以休息。同时，这样的环境本身就能让人轻微入迷，这种近乎冥想的觉知体验，如果用精神疲劳模式的术语来讲，就是大脑功能平衡的恢复和精神的重焕。

在公园中散步能帮人梳理思想。这是真的。

精神涣散的时代中重焕精神的花园

但说到底，乌龟小姐！麻烦您走点儿心。不然我们根本没法沟通。

——道格拉斯 · R. 侯世达 《哥德尔、埃舍尔、巴赫：集异璧之大成》 阿德尔菲出版社　米兰　1990

我们看到，现代生活以其令人眼花缭乱的新技术不停地消耗着我们大脑精密的思维功能，尤其耗费我们的聚焦注意力。聚焦注意力不断被调动，然而它对我们来说是如此重要。我们的生活环境充斥着过度刺激，于是我们长期被过量的刺激困扰，不停地往头脑里填塞各种信息，其中很多是需要处理和疏导的；我们要想从这迷宫中走出来，就得利用自己的注意力，只有充分调动注意力，我们才能应付这一切。

人为的生活环境和生活节奏不停地用各种要求轰炸我们，这就为持续或长或短的注意力疲劳创造了条件。因此，我们的注意力很容易丧失功能，结果，我们再也无法专心致志地做事，无论什么事情都可能令我们溜号，人也变得越来越焦躁，在成堆的事情中手足无措，哪件事也无法很好地完成。我们处在一个精神分散的时代里，总是游走在注意力匮乏的边缘，从而为我们个人和社会生活带来无法忽略的损失。

发生在学习、工作、日常生活中的低效现象还只是冰山一角，精神疲劳还会在更深的层次上引起疲劳感、心理障碍、神志不清、情绪紊乱；在人际交往中变得焦虑、冲动、易怒。这时，人会失去思考能力、逻辑能力，甚至失去想象力和创造力。这时，大脑最高级的功能失去了效力，而正是这些功能令我们成为人类，令我们带着觉知和智慧生存于世上。

然而，如果当今的生活方式和生活环境无可避免地要对我们的能力构成威胁，那么，积极地对自己进行治愈就显得十分必要了。正如健身、塑形的概念越来越流行，引起越来越多的人关注，现在也是时候呼吁大家关注精神平衡的重要性了。简单地说，就是定期进行精神“养生”，对最重要的大脑功能进行调整。这并不像精神疲劳模式中所述的那样无法控制，神经生理学和神经成像研究的结果表明，主动干预精神状态是完全有可能的，至少可以进行暂时性的精神“重焕”。严格而有规律地接触大自然、树木等绿色植物能够让饱受现代生活摧残的大脑功能得以修正和复原。也许这样做也能让人的整体心理状态重新建立平衡。

我们需要更多的公园、花园和树林，尤其是在城市中。正因如此，我们也需要让大家从根本上认识到它们的重要性。尤其是，大家应该更多地养成到公园散步的习惯，更好地享受公园为我们带来的益处。这绝不是可有可无的活动，也不是最不重要的活动，更不是业余时间的消遣，人们应该认识到这项活动具有相当大的必要性。定期到大自然中去，应该像睡前洗澡、去健身房或者保持健康饮食那样成为习惯性活动。这也是一种对我们的健康大有裨益的活动。

因此，关于树木等绿色植物及其自然环境对人的精神有焕发作用的发现，帮助我们修复现代生活中损耗较高的特定大脑功能，从而形成一种作用于整个精神情感系统的“养生”方法。

现在，了解了整个精神疲劳模式的概念，也许有人会问：这种模式真能成为心理疾病治疗方法的理论基础吗？树木等绿色植物乃至大自然，在整个精神健康的问题上究竟能起到什么样的作用?

五十年前，精神病学先驱哈罗德·瑟尔斯[54]曾说过:“我们周遭环境中的非人类因素是构成我们精神世界的基本且重要的成分。”他的论述是否正确呢?

精神病学家与树木 1：ADHD 范式

> ADHD……是一种顽固的注意力分散及/或亢奋—冲动兴奋丛，会对机体和认知发展产生干扰，其症状会出现在两个或两个以上场景中（比如在家中、学校或单位），在朋友或家长在场的情况下，在其他活动中，会在其社交、学业、工作等方面产生负面影响。
>
> DSM-5 《精神障碍诊断分析手册》

我们生活在一个精神分散的时代。因此，注意力和专注力问题成为了世纪难题，即使在最冷门的幼儿神经精神病学领域也是如此，也就不奇怪了。注意力障碍和过度亢奋状态，学名叫ADHD，已经广为人知，在这里就不对其定义进行过多阐述了。

---

54 哈罗德·瑟尔斯（1918–2015），美国著名精神病专家，在多年运用精神分析法治疗精神疾病的过程中总结出多项现代临床精神病学原理。他坚信非人类的环境因素对人的精神状态具有重要影响。

我们也不会在这里讨论它的诊断标准、先天或环境致病因素、治疗方法的选择等问题。

我们只需要知道，这种病症在幼儿时期就已经多发，诊断率极高（特别是在某些国家），甚至已经发展成了一种社会现象和社会问题。被诊断患有 ADHD 的孩子不在少数（美国 6~15 岁儿童发病率约为 8.5%，欧洲该年龄段儿童发病率为 4%），患儿的病情亟待缓解。

这种会引发不适和痛苦的病症与孩子的天性无关，但是它令患儿及其周围的人的生活变得十分艰难。人们以不同的方式帮助患儿，在一些国家则会频繁用药。

美国伊利诺伊州立大学的一支研究团队将 ADHD 这种学龄儿童多发的病症与精神枯竭和注意力疲劳研究相结合，探究两方面之间的关系。这里的关键是，成年人注意力枯竭与儿童 ADHD 之间存在许多相似的症状，包括聚焦注意力问题、专注力障碍、冲动、易怒、工作 / 学习效率低下、焦躁不安，等等。因此，研究人员尝试将成人注意力枯竭理论运用到儿童 ADHD 问题领域，试图找到更好的角度来弄清楚这种病症的发病机制，同时为该病的治疗寻求更好的方法。

那么，研究者是从哪种假设出发的呢？我们可以想象，对一些儿童来说，脑力疲劳的忍耐力阈值较低，因此其聚焦注意力就相对比较脆弱。这可能是由先天遗传因素决定，就像有的孩子肤色特别白，肤色较白的孩子比同龄肤色较黑的孩子更易对阳光过敏。同样的道理，在充斥着大量刺激的环境中（别忘了现代生活方式中过度刺激有多么常见），一些孩子在注意力方面特别敏感，与大多数同龄孩子比起来，他们的聚焦注意力会更早耗尽。注意力枯竭导致专注力障碍，孩子无法专注，同时易冲动、焦躁不安……这些都是 ADHD 的症状和特点。

如果事实的确如此，那么研究人员认为，如果 ADHD 与精神枯竭模式却有关联，那么，重焕精神的典型环境，也就是有树木等绿色植物的自然环境，对儿童 ADHD 问题也应该有改善作用。对成年人来说，看到树木、在自然环境中散步，以及在绿色植物之中进行一些活动，能够令过度消耗的大脑功能得以修复，其中也包括聚焦注意力。那么，这个方法是否适用于儿童呢，自然环境是否能帮助儿童在充斥着过度调动认知活动和注意力的日常生活中重新修复注意力功能呢，这是个值得尝试的问题。

从假设到验证

对于任何人来说，都可能会遇到注意力过度消耗，甚至濒临枯竭的情况，但不是每个人都会发生 ADHD 问题。为了验证重焕精神的自然环境是否能够帮助有注意力障碍的儿童，研究者们进行的第一项实验是针对健康儿童被试样本进行的，这些被试样本都没有 ADHD 的任何症状，也没有其他问题，但是在学校经历了课业繁重的一天后，他们都可能出现精神分散、无法集中注意力、易怒、易冲动、过度亢奋等现象。在这种情况下，这些现象都是暂时、可复原的，在疲劳的儿童身上是很正常的现象，但是这些现象也与 ADHD 的一些典型症状十分相似（只是 ADHD 的症状更强烈而且是持续的）。

被试儿童来到自然环境（公园）中进行活动，然后再在一个非自然户外环境（如学校的塑胶操场）中进行相同的活动，最后在室内（在一个较开阔的空间中，比如体育馆）进行相同的活动。研究人员对这些被试儿童的注意力、专注力、冲动性等方面进行了细致的监测。结果“似 ADHD”症状在自然环境中进行活动后明显减少，在另外两种情况下没有发生。这种减少几乎是立即发生的（孩子一到公园，症状几乎立刻得到了改善），而且稳定且持续（这种改善在自然环境活动后还持续了一段时间）。

这个结果十分鼓舞人心，但是在第一项实验中涉及的只有健康孩子。我们还得看看真正的 ADHD 症状是否能发生相同的变化。

接下来的研究是在美国进行的。在美国，ADHD 的发病率相当之高（虽然病情通常并不是很严重）。在这里，研究者们也比较容易在全国范围内找到被试样本，来进行第二项实验，实验是以对 ADHD 患儿家长的调查问卷形式进行的。参与研究的患儿须由专家（而不是普通的校医或护士）按照公认的流程，进行细致、标准的检测，并出具诊断书。问卷会按照被试患儿年龄列出一些典型活动，询问家长进行这些活动对被试患儿的症状产生哪些影响。

对问卷结果进行了统计分析后，结果仍然是令人振奋的：在有自然元素（树木等绿色植物）的环境中进行活动与患儿症状的明显好转依然存在密切关联。家长们观察到的好转是从户外回到人为环境后仍具有一定稳定性和持续性。然而，在有人为条件的户外环境中进行完活动，或者在室内进行完活动后，患儿症状却丝毫没有改变，有的甚至还变得更糟了。

这令研究者有信心继续进行第三次实验，这次研究者来到了户外，与被试 ADHD 患儿和同龄健康儿童对照组面对面进行实地实验。一切都是按照严格的实验程序进行的，在不同环境中的活动进行前、进行中和进行后，研究人员都对被试样本进行了监测。具体活动程序是，先进行 20 分钟的徒步活动，然后是有组织游戏、自由游戏，以及由教师引导的教学活动，每项活动都会在公园或花园、城市环境以及有人为因素的室外环境和室内环境中进行一次。

值得庆幸的是，实地实验的结果再次验证了最初的假设。ADHD 患儿在有树木等绿色植物的自然环境中进行活动后，对其注意力、专注力甚至冲动控制力都产生了明显的改善效果，症状得到显著减轻，而且持续的时间相当长。在城市环境、人为环境和室内环境中进行的活动均没有这种作用。

结论：注意力、儿童，以及树木

公园、花园和树林对儿童来说都具有重焕精神的功能。在这些环境中，受到现代生活过度刺激的注意力等大脑功能能够得到修复并重新启用。

孩子在学校经过了一整天的学习后，家长带他们到公园去玩一会儿，这是有重要意义的，而且这个意义不仅限于身体积攒能量的释放，自然环境的修复作用对患有 ADHD 的孩子非常有效，能帮助他们使枯竭的注意力复原，到自然环境中去对症状的改善有很积极的作用。今天，官方治疗 ADHD 的方式中经常用药，尤其是在某些国家，这种方式从很多方面来看颇具争议，而且存在副作用。如果能够不使用这种方式来改善症状，或者降低服药剂量、缩短服药期，那真是再好不过了。相关研究的作者希望在不久后的未来，作为对传统治疗的辅助治疗手段，或者在症状轻微的情况下作为主要治疗手段，“适量的自然”被写在给这些患儿的诊断书里，将是一件再寻常不过的事情。

除了 ADHD，上述实验结果对学校教育、儿科治疗尤其是家长都有很重要的意义。生活在这个充斥着大量、混乱、失控的刺激的世界，注意力是一种不可或缺的能力，但是这种能力的培养却越来越难，处于同样处境的还有专注力、行动前的思考力、控制自身冲动的能力。正是这些复杂的精神功能让我们安全地前行，而它们却在现代生活中被过度刺激和损耗着。公园、树林、花园，具备着令人重焕精神的功能，能让人得到暂时的平静，尤其是对于正在成长中的大脑来说，能够有机会重新调整、重新启动，免于耗尽所有的能量。

总之，在这个精神分散的时代，要是想让孩子在成长过程中充分发展和运用思维能力，能在爆炸式的刺激、灌输和调动中辨别方向、安全前行，就有必要教给他们定期进行自然沉浸体验的习惯。这似乎是孩子将来成长为有责任感、有自控力、有取舍、有自由的大人的重要先决条件。

精神病学家与树木 2：树木与心理健康

如果说，对于儿童神经精神病学家来说，实际难题是ADHD的话，那么在成年人神经精神病领域，最亟待解决的就是其他问题了，其中包括各种各样的抑郁和不同状态的焦虑。这些问题甚至影响了普通的语言表达：寻求安抚时，人们会说“我焦虑了”“我有点抑郁了”等等。很显然，这是一种深深的悲伤，在一些场合下很正常，但是我们要将严重的、会深层次影响生命的各个方面的病态，与不太严重的、只是暂时的负面感受和不适区分开。不管怎么说，很多人都有过这种心理状态，或多或少，甚至只是极轻微，人们为其花了不少治疗费用，也忍受了不少痛苦。

城市、乡村和“心理问题”风险

这么看，住在城市里真的不怎么健康。与居住在乡村环境的人相比，如今的城市居民出现焦虑问题的风险要高出20%。情绪问题（抑郁和类似疾病）的风险则达到了 40%。与此相应的是，出生和成长在城市中的人患精神分裂的可能性高出一倍，但是这一点我们先不要复杂化。无论如何，这些数据都让人觉得城市环境对精神健康不是最有利的。

与此同时，我们也得到了关于树木等绿色植物对心理问题具有缓解作用的各种确证，其中有我们前面提到的荷兰流行病学研究。研究对超过 30 万人的生命数据进行跟踪统计分析，结论是居住在树木和自然区域附近，相关疾病的患病风险明显降低，其中也包括心理问题和精神疾病。

事实上，在城市中，很多人的生活空间都比较狭小，与人为环境联系过于紧密，虽然也是幸福的，但是仍然离理想状态相差甚远。城市生活确实有很多优势（否则也不会有城市了），但是生活节奏过快，而且还会引发身体和心理层面的问题和疾病，这些会让人的健康变得越来越不堪一击。然而，人类城市化已经变成了大势所趋，全世界有超过 50% 的人生活在城市中，而且这个比例还在不断升高。对其中许多人来说，城市环境就是他们唯一熟知的环境。悉心规划城市意义重大，因为这可以确保城市居民在这个人为环境中有尽可能好的生存环境。在城市规划中，最重要的元素就包括有能作用于我们心理—情感状态的树木等绿色植物、花园的地方。看过了关于自然、大脑活动和精神功能的研究结果，这一点就不奇怪了。

城市中的树木和心理

在城市中，其实我们与自然和生物元素有着特别密切的关系，甚至密切到了会影响我们精神状态的程度，即便我们一直都没意识到这一点。

在前面的章节中已经从多个角度对这一点进行了论证。总结起来，公园和城市中的其他自然要素，甚至最简单的窗外“绿色风景”都对市民的心理—情感状态有着十分重要的作用。从对城市人口的不同研究来看，尤其是人口密度大的区域，居住区附近有自然景观会降低居民的负面情绪，包括愤怒、挫败、侵略性、焦虑和悲伤；相反，诸如自尊心、自我控制、愉快和乐观等积极情绪得到加强。这在人际关系上也有所体现：美国伊利诺伊大学的郭教授（Kuo，音译）认为，“在绿色植物更多的城市区域，邻里关系更融洽，冲突和暴力较少。人们更开放，更爱交际，也更慷慨”。从家庭和谐的角度看也是如此：在这些家庭中，父母的感情更稳定，能够对孩子给予更多的支持和引导。家附近的绿色植物会影响居住于此的孩子的心理状态：令他们更开朗，专注力更强，自立能力提升。此外，植物对心理健康还有很重要的一点，有利于起到安抚作用，让焦躁的人安静下来，即像我们前面说过的，在经历创伤性事件后，情感承受力强，而且有积极应对的能力。

绿化覆盖率更高的住宅区能够帮助人保持心理—感情平衡，巩固家庭和邻里关系。这能帮助我们理解研究结果，为什么能一次又一次证明树木、花园和公园对心理问题具有积极作用。美国斯坦福大学的戴利（Daily）教授认为，“在生活节奏如此快的城市中，身边有容易抵达的自然区域对我们的精神健康具有很关键的作用”。

自然中的心理维度

由于各种各样的原因，在城市中保留大面积的自然环境是非常重要的，城市居民可以完全沉浸在自然中。其重要性背后有许多原因，包括树木等绿色植物对我们大脑功能和心理状态的积极作用。树木和绿色植物能很好地保护我们的心理情感状况。自然体验能帮我们保持精神平衡，预防潜在的心理问题，帮助治疗心理疾病。

让我们再次来到日本。这一次，探究森林疗法的研究人员在进行主要参数的测量外，还加上了一系列心理评估。被试志愿者在被带到树林和城市环境中进行实验时，都会按照计划系统性地接受专门测试，以获得不同心理维度的可对照数据。这些数据的分析结果证实了与城市漫步相比，森林体验对如愤怒、悲伤、挫败等情感具有安抚作用，并且能使焦虑和抑郁的相关指数降低。在实验过程中，尤其是结束后，被试志愿者普遍感觉精力充沛、更有活力，生命力更强，对自我的认知更稳固、积极，心情也变得更好了。

还有一个不同的关键点，那就是这些结论都得到了苏格兰运动员晨练慢跑测试数据的支持。跟在其他环境中慢跑比起来，在自然环境中慢跑能够对大脑活动产生影响，降低其挫败感、紧张感和不安感，使人头脑清醒、心境平和。这是一种能增强人的自尊、使人心情愉悦的“积极精神星座”。

总之，自然体验一方面能够减少对一系列心理因素的疲劳感、紧张感和刺激性，这些可能令人感到不悦或痛苦，长此以往会成为严重顽固精神疾病的致病因素。另一方面，自然体验还能整体加强对精神健康有利的积极因素，能让人的精神状态更平衡、更积极。我们现在已经了解了这种“自然效应”是如何作用于我们的心理的。

神经成像与精神病学

在世界范围内进行的神经生理学和神经成像技术研究中，我们在前几章中谈到过一些比较知名的例子，这些研究无一例外地得出了共同的结论：当我们欣赏绿色景观或者在树林中漫步时，大脑中的一些区域仿佛“关闭”了，而另一些区域则活跃起来。但是有一个事情值得一提：被“关闭”的区域正是身心俱疲、依赖科技的城市居民大脑中过度活跃的区域，而这一现象十分堪忧，这种过度活跃是由这些大脑区域被生活方式失当刺激造成的。其中包括举足轻重的前额叶皮质，它掌管着很多高级思维活动，这些思维活动对应付现代生活来说不可或缺，如注意力、规划力、逻辑力、问题解决力，等等。这些被过度刺激的大脑功能，在自然环境下得以修整，准备重新启动。同时，其他大脑深部区域的功能似乎被激活了。

这对心理不适和精神健康意味着什么？如果树林、公园和花园这样的环境有令精神重焕的功能、对精神健康如此重要的话，那么我们不妨假设这些环境对与情感、兴奋和情绪等大脑功能平衡性的总体恢复也有作用。但是否果真如此呢？

美国斯坦福大学的一项研究结合了最先进的成像技术手段和精神研究手段，运用了对森林疗法进行深入探究的日本学者的实验模式。这项于 2015 年进行的研究，还在功能性磁共振技术中运用了一种能够实时观测大脑不同区域活动的技术。必要仪器难以移动的难题，则多亏了斯坦福大学绿化颇佳的校园才得以解决。被试志愿者们可以在附近的“自然环境中漫步”（随后也可以在车来车往的街道上进行对照试验），并在活动前后马上接受磁共振监测。这种方法与真正的森林沉浸实验有所区别，但是监测到的指数变化应该是一致的。

这一次，研究人员特别关注了某些与心理障碍和精神疾病相关的大脑区域活动。就像前面的那些实验一样，在自然中漫步前后大脑活动仍然呈现出显著变化，而在人为环境中就没有。在自然环境中漫步过后活跃程度降低的大脑区域中，有一个是我们应该已经很熟悉的，它就位于前额叶区域。我们已经了解到许多与前额叶皮质有关的事，也了解它对执行功能和复杂精神活动的重要性，以及对情感管理方面的一些影响。但是，在自然环境中漫步后，得到“安抚”的那些大脑区域中，还有一些与抑郁问题相关的区域也受到了影响。可以说，在自然环境中散步可以降低与抑郁有关的大脑部位的活跃程度。也许这能帮助我们感觉更好。

这支美国学者团队还进行了另一项神经成像研究，在这项研究中，学者们用同样的方法研究了对受到森林漫步和其他自然体验积极影响的除了情绪以外的大脑区域，这些区域主要与认知功能和记忆功能相关。结果显示，森林沉浸体验可能也具有缓解焦虑的功能。

也许我们可以想象，与树木等绿色植物接触有益于我们的心理状态，能帮助我们与精神疾病保持距离，因为，根据精神疲劳模式，这种活动能让负责保持心理平衡的大脑区域得到修整，而相关区域在我们现代的生活方式中，在都市环境和人为环境的刺激下和意外中经常被粗暴对待，通过这样的方式，这些区域能重新恢复最佳功能。那么，其他重要的大脑区域，比如我们说过的那些大脑深部区域，又为什么能够同时被自然体验激活呢？在某种程度上，这些区域也许是情绪和感情的分类与管理者。走进树林，或许能够帮助这些区域对心理状态和生活事件进行归纳与协调，从而帮助大脑功能重新找到平衡。但是这些目前都还只是猜测，而且是有些大胆的猜测。

在瑜伽功的理念中、在一些禅修院中，甚至在西方，我们总会听说自然冥想具有“净化心灵”的功效。现在我们知道，至少从对大脑功能的修复角度看，这些说法是有道理的。人们在这个过程中能让遭受过度刺激的大脑功能暂时休息，令与人心境平静、头脑清醒相关的大脑功能活跃起来。这为我们保持和恢复健康的心理状态奠定了重要的基础。

返璞归真

请抓住我，
在我沉下去以前，
请听到我呼唤，
在我被水淹没以前，
请不要失去
你的惊奇感……

——水男孩乐队　《星期天的生活》

最后再来做一点思考，我们注意到一个小细节。在对树木、公园和树林对大脑活动的作用的研究中，经常会用到一项数据，这或许是个边缘细节，但是很有启发性。与树木等绿色植物接触，或者更普遍意义上的自然体验可以带来诸多好处，其中之一，就是能令在被越来越多人为刺激轰炸的世界里，一种濒临灭绝的细腻情感重新苏醒，并使其得以加强。这种情感极少被人留意，虽然它在我们人类的自然天性中是不可或缺的一部分。

我所说的就是惊奇感。

一个人从小与树木接触多，经常到公园和花园中去，有利于他的这种基础情感得到良好的发展，与自然有持续、大量接触的人，能够长期对世界抱有惊奇感。被身边的事物吸引，对某事感到着迷、惊异、赞叹、热情，这种能力为人的体验、认知和学习奠定了基础，正是这种情感为人的兴趣、观察和推理擦亮了最初的火花。因此，这种情感在幼儿期得到充分发展、不断训练，在成年后仍然保有，对人来说非常重要。

禅道中强调在一些方面要永葆童心、返璞归真，很多其他东方哲学理念也是这样，而惊奇感就是一种童真。简单直接地说，惊奇感能让人每次观察周围世界的时候，有与众不同的新发现，即便只是一个很小的事物。对孩子来说，整个世界都是新的，等待他去发现，任何东西都不同寻常。同样，在这些哲学理念体系中，智者就是懂得从每一样事物、每一个时刻中探知到不同寻常之处的人。而这，对于大人来说，会变得越来越困难；随着时间的流逝，惊奇感也会渐渐流逝，直到耗尽。

具有惊奇感的人，有时会掺杂一些惶恐，对比自己庞大的事物，对未知的事物，都感到诚惶诚恐，这会开阔他的视野或知识面，但也可能潜藏着一些危险。但惊奇感仍是一种好的感受，甚至是一种很珍贵的感受。环境会令它升华。它是好奇和探索的驱动力，是一个人成为研究者和科学家，以及文人和哲人的关键先决条件。关于惊奇感，有一位我们大家都熟知的科学家曾经在他的著作中写到过，这位先生留着小胡子、顶着一头乱发，以一条重要法则闻名世界，“我们能体验到最美的事情就是神秘，所有的真正科学和真正艺术皆源于此。一个人要是没有这种感情，便无法再惊讶得瞠目结舌、叹为观止，便像死了一样。他的眼睛已经闭上了”。[55]

惊奇感自然也是科学家研究的对象。我们知道，惊奇感能够帮助我们培养人际交往的能力，学会共情。但是，总的说来，对好的事物感到惊叹，让我们一生都能够高效学习、更快适应，因为它与身心健康以及“接纳”不无关联。对孩子来说，发展良好的惊奇感有助于学习和智力发育；而葆有惊奇感的大人则具备较强的认知能力，头脑清醒而灵活。不再关注周围、不会被什么东西打动、对一切感到厌倦的大人，除了成为一个毫无生趣的人外，还会变得愚钝、呆板，当不得不应对非常规情况或必须寻找新的行事方式时，就只会手足无措。在一个飞速变化的世界里，这样的人注定被淘汰。一些人认为，保持惊叹的能力是重新找到生存乐趣的关键，也是立足于世的基础。在人们大量服用抗抑郁药物的西方世界，惊奇感是非常重要的能力。

似乎我们已经有了几个培养惊奇感的好理由。

55　“The most beautiful thing we can experience is the mysterious. It is the source of all true art and science. He to whom this emotion is a stranger, who can no longer pause to wonder and stand rapt in awe, is as good as dead: his eyes are closed.” 阿尔伯特 · 爱因斯坦，《生活哲学》，西蒙和舒斯特出版社，纽约，1931。内文段落为本书译者据作者原文译。

实际上远不止如此。从生物和生存演化的角度看，惊奇感是一种对我们人类具有深远意义的天性。生物学意义？如果惊奇感能让我们更健康、更聪明、更积极地对世界感到好奇，更好地适应环境，那么惊奇感就无疑是利于我们生存的一种特征。英国当代心理学家、哲学家尼古拉斯·汉弗莱[56]进一步阐述道："对好的体验保持赞叹不仅是帮助物种得以存续的重要能力，更是我们生而为人的终极意义。"因为感到惊异的能力、保持敬畏的能力、以新的眼光看待事物的能力，能够帮助我们探索和获取更有意义的体验。对整个人类来说，这种情感不仅让物种得以存续，更能繁荣昌盛。

美国斯坦福大学的一项研究表明，我们对时间的感知与惊奇感也存在密切关联。发展良好的惊奇感会改变我们对时间的感知：我们会觉得更加充实，而不是碌碌无为，可用来做事的时间更多。总之，惊奇感是一种能让人把握当下，让人生更充实和有意义的能力。

一个叫亚历山大·菲利普斯的英国年轻人在一篇不久前发表的文章[57]中谈到了这个话题。文章开篇伊始，作者回忆了自己儿

---

56 尼古拉斯·汉弗莱（Nicholas Humphrey, 1943 年生人），英国剑桥大学教授，在多个国家的科研机构从事教学工作。他尤其对灵长类的视觉功能、审美演化感兴趣，喜欢对所谓的异常现象进行科学观察。在科研生涯中，他曾在大猩猩的栖息地对大猩猩进行过实地研究。他是人类智能演化研究领域最伟大的科学家之一。

57 亚历山大·菲利普斯（Alexander Phillips），企业家、博主、记者，写作平台"都市时代"创始人之一。他在 2012 年 TED 阿姆斯特丹站举办期间，曾就科普推广人杰森·席尔瓦关于惊异感的演讲写过一篇文章：《敬畏感的生物学优势》。

时与父母一起在植物繁茂的阿尔卑斯山中进行的徒步活动。他说，他确信是那些徒步活动让他能够培养并保持自己的惊奇能力，而他之所以能拥有如此丰富有趣的人生，惊奇能力起着很重要的作用。“那时候正是我成长的关键期，即便从神经学的角度看也是如此，或许我的惊奇神经突触就是在那时候得到了巩固，这些突触发育得太好了，从未弃我于不顾。”[58]

儿童期的自然体验会帮助惊奇感形成并发展。多亏了我母亲，她从没让我的童年少了树林、花园和其中的树木。

58　本书译者据作者译文译。

塔博尔山橡树

基克拉泽斯群岛中，有我的小岛。我把它叫作“我的”，因为我实在没什么名字可以用来称呼它。我从小就经常被带到那座岛的海边度假，在那里有一栋房子，后来我长大了，在告别非洲、告别青春期的那个夏天，我又回到那里了。在巴黎的短暂停留不太愉快，不提也罢。很多年后我终于学会了欣赏巴黎，只是那个从非洲到意大利的时期实在是太灰暗、太不开心了。然而那座岛还在我的记忆中，我记得那里有着明晃晃的阳光，褐色的小山上覆盖着茂密的灌木丛，令人目眩的山坡上是成排的矮墙，到处是岩石，天气炎热，海水蔚蓝，空气里弥漫着百里香的芬芳。那座岛一直在我的记忆中，就这样，长大后的我，有机会回去，马上就回去了。

显然，我并不真的记得它。在我还是小女孩时，那里总是有着阳光明媚的黎明、无懈可击的海水、无忧无虑的夏天；还有酷热、干燥、灰尘、石子、泛黄的色彩、石头房子、用桶打来的水、永远不够用的水。一切如昨。可是我根本认不出那座岛了，我长大了，好奇心不那么强了，腿也变长了。我向山丘上面走去，不管有没有人陪着我都要去，去捡拾自己对那片曾为之着迷的土地的记忆。这些山丘现在感觉几乎是大山了，站在山顶，目光越过屋顶和起伏的山顶时，我突然发现，这是什么树？

这不是常见的扁桃树，而是一种不知道叫什么的树。这是一种野生树种，我从来没见过，但是它的外形看上去亲切又熟悉，而且也很古老。这就是那种树，我小的时候曾画过的那种，树干笔直，树杈四散，大大的树冠……可能因为蒙上了灰尘，而在灰尘之下，树叶的颜色也许本来应该是绿色的？这种树叶，奇形怪状，我似乎想起了什么。但是不可能吧？一棵橡树，在这儿？

自然，我从此发现，橡树无处不在，在这座岛上几乎到处都是橡树，甚至越过了被海风侵蚀的滨海山坡。我从前怎么就没注意过呢？可以肯定的是它们一直都在这里，在我小时候的夏季和美好记忆的背景画面里；否则长成大人的我第一次见到它们怎么会觉得那么熟悉呢？或者，它们只是从我记忆的深海中浮现出来了？就是它们，它们错落有致地散布在梯田中，在陡峭的崖壁上，在山丘上……不计其数，看上去仿佛一座小树林。没有圣栎，没有山毛榉。肯定也没有那种地中海地区典型的带刺又茂密的大橡树，岛上的这些才是真正的、如假包换的橡树，或许在千年的燥热、风沙和干旱中它们变得有些粗矮，但是姿态可敬，甚至带有一些庄严感，它们的树干十分强壮，树冠茂密浑圆，叶片密得树下什么都长不了。夏季，它们带来的树荫十分宜人。它们散发着怀旧的气息，枝伸叶展，根深蒂固，好像能从树荫里面走出个农神来似的。它们厚实，宽大的裂片叶属于典型的橡树属植物的叶片，正面颜色较深，背面则蒙着一层银灰色的茸毛。它们的橡子个头硕大，外面扣着一个士兵那样大大的帽子，鳞片长长的，好像头发；深秋时节它们就成熟了，一些人会用它们来磨面粉，烤成蛋糕或饼干。

橡子正是这种植物能以如此多的数量在岛上生存至今的原因，

而其他地方的橡树则所剩无几，其中不乏曾经有很多橡树的地方，比如普利亚。这些硕大的橡子很受人欢迎，同时也很珍贵，其中含有丰富的可用来制造皮革的单宁酸，而且在这样不宜栽培的地方，这些橡树却长得这么好。于是，几百年来，这座岛保留、繁育和培养了美丽的塔博尔山橡树（Quercus ithaburensis）。这个名字来自《圣经》，甚至有人把它们种在梯田中，而梯田一般来说是种葡萄和粮食的。橡子被捡拾回来后，装在大袋子里由驴子和骡子驮着运到商船上。再由商船把它们带到塞萨洛尼基、伊兹密尔、亚历山大里港，或其他什么地方的制革厂和工厂去。然后就是染色和化学反应，橡子的一生就结束了。但是橡树一直都在。

第7章

怎么做到的？原始人与美景

树木和自然对我们有好处。树林、森林、公园、花园和城市里的小花坛对我们的健康和舒适感有着实实在在的影响，无论从普遍意义上讲，还是从一些特定的方面看。居住在绿色环境附近或经常到绿色环境中去，与绿色环境和树木定期接触的习惯被我们称作自然要素，它对我们有着多方面的复杂影响。它对我们具有保护作用，甚至可以说是具有疗养和疗愈作用，这些作用在不同程度上有所体现。我们生活中有越多的绿色，就越能够降低罹患疾病的风险，促进身体恢复，总之，在很多方面都让我们的状况变得更好，无论是身体上还是心理上。对孩子来说，则对全面健康成长有着重要的作用。我们在本书开篇伊始的几个章节中已经对此进行了一番广泛的论述，虽然有些结论仍然很难确切断定，但是自然能带来的积极影响是确凿而清楚的了。

那么这一切是怎么做到的呢？树木等绿色植物是如何与我们

产生关系，并且如此切实地作用于我们的身心健康的呢？在第 4 章、第 5 章和第 6 章，我们试图对这些问题进行解答，探索其中的原理和可能的作用机制。我们也对树木等绿色植物及其他自然元素所扮演的环境角色进行了监测，无论是在全世界范围还是在城市的层面上，它们都扮演着调节和精神重焕环境的重要角色。树木和自然区域能够减缓、中和环境中有害的因素对我们的影响，包括污染、饮用水、极端气候，改善当地生态系统的质量，以及生物多样性，从而对居民的健康发挥良性作用。据估计，树木等绿色植物及其所处的自然区域对生态系统发挥的良性作用，对人类健康贡献的价值可量化为世界国民生产总值的 2 倍（约 71 万亿美元）。[59]

与自然接触的直接效应体现于机体各方面，其中包括身体效应、神经效应和精神效应。日本的森林沉浸体验（主要指放松、带有觉知地漫步）对压力引起的各项参数都会起到可测量的抑制和降低作用，会激活免疫系统，令大脑活动重归平衡。这项活动帮助我们达到一种广泛觉知的状态，从现代生活方式导致的多发（且严重）的精神疲劳中得以修整和恢复。

这些只是树木和自然作用于人类健康的诸多方面中的几个。关于其他的作用，还有一个有些难以预料的方面。事实证明，树木、公园和树林对本地经济有着一定的间接影响，成为当地居民

---

59 同第 155 页注 27。

健康与舒适的源头。总之，自然通过各种直接和间接的方式对人发挥作用，这些作用之间还彼此呼应、彼此促进。这样互相关联的机制形成了一张错综复杂的网络，其影响要远高于所有这些作用加在一起。

一棵树、一座花园、一片树林，如果单从净化空气、加速康复、孩子的智力发育或成人的放松身心的角度来看，其实都没有那么重要。它们重要，是因为能同时发挥这些作用，而且很可能还有其他我们没有发现的作用。这是一种复杂而广泛的作用，是许许多多可以经过分析拆解罗列的单个作用的集合，也是从根本上使我们现代人类与自然界密不可分的联系纽带。

那么，最关键的问题来了：这一切究竟是如何做到的呢？

为什么我们人类，从来没像现在这样对树木等植物敏感和接受，无论从身体上还是心理上、意识上甚至精神上，都会如此快速且持久地对树木等植物作出反应呢？与树木等绿色植物及其他自然元素的关系于我们似乎是不可或缺的。我们需要它们，有了它们，我们才能成长、发展得更好，身心才能发挥最佳状态，才能健康。如果我们的生活中缺少了这些因素，那么出现问题、罹患疾病甚至死亡的可能性就会增加，这会成为我们生命的隐患。到底是什么让树木等绿色植物及其他自然元素与我们有着如此重要的联系呢？

我们并非生当如此

我们像布须曼人以及其他原始部落的族人那样生活着；这样的生活主要就是狩猎和进食。……我们很久没吃过新鲜的东西了。饥饿感无时不在，就连刚吃过饭的时候也是。我们明白，这应该就是营养不良的信号，意味着身体缺乏某种维生素。我们的想法再清楚不过——我们需要吃新鲜的肉。……（那头扭角林羚）简直是一只绝美的野物，强烈的太阳光清晰地勾勒出它壮美身躯的轮廓。它美丽的头颈粗壮却不失优雅，它螺旋状的弯角如铜器般泛着光泽……然而，这些我全然没有意识到，只有一个想法充斥着我整个人：食物！

——H. 马丁 《身藏大漠》

算一算，现在的“西方世界”[60]，在人类的进化史上不过是眨眼一瞬。即便是从智人出现（约300 000年前）开始算起，工业革命以来的几百年，城市化、技术主宰我们生活的时间简直微不足道。即便我们只考虑我们的祖先是如何一步步进化到今天的，

60 工业化或后工业化的西方世界，被技术主宰，是一个过度城市化、过度人为化的环境……而实际上这已经是全世界的发展模式，因此这个词或许已经不确切了；关于旧石器时代和新石器时代的人类生活，C. 布罗班克（C. Broodbank，2013）的论述也很有意思。

也能发现我们与自然之间存在着紧密的联系。从狩猎—采摘阶段，到农耕阶段，都持续了很长的时期。这两种生活方式都意味着人类与自然环境和其中的各种因素之间有着密不可分的关系。它们是人类赖以生存的万物，人类以其为生，却也要应对潜伏其间的危险。在今时今日的环境之下，人们很难想象把智慧、感觉和注意力用在观察太阳、白天、黑夜、风、光线、水、植物、土壤的构成，或用在追踪猎物的脚印、寻觅浆果和块茎、规避潜藏的危险和埋伏等，会是怎样的一幅生活场景。[61] 这对人类随后的历史也有很重要的意义：农业的出现和随之而来的革新，使人们对四季更替、万物循环的认知，与生命和死亡之间形成了紧密的联系。这种认知上的联系一直存续到今天，即便人类已经进化成了城市化和过度依赖科技的物种。人类已经达到了迄今为止人口最多的时期，而我们依然仰赖于周围的自然环境。

人类与环境的分离主要发生在距今不远的一段时期，这种渐行渐远似乎是个无可挽回的过程。城市化、无处不在的科技、过密的人口、失控的生活节奏、噪声、污染、毒害，这些新词都是前所未有的，但是这确是今天人类最典型的栖居环境。联合国发布的数据显示，目前世界人口中已经有 50% 生活在城市区域中，而这个数字还在飞速增长。

61　参见《虎！》（M. 瓦扬），《身藏大漠》（H. 马丁）。作者描述 20 世纪两个西方人从石器时代原始生活方式中返回西方时的经历，以及这段经历给他们的身体，尤其是精神带来了什么样的影响。

正如我们所见，在城市中，许多人生活的空间非常狭小，而且环境中充斥着人为因素，当然，这也能达到某种程度的和谐与舒适，但毕竟距离理想生活还有一定距离。灯光、人群、荧屏、广告、车流、噪声……我们被人为制造的环境包裹着，一切都需要我们去注意、选择、决定。“我们才意识到，在这种环境里，我们永远处于压力之下。”宫崎良文教授说，他对森林疗法的研究作出了卓越的贡献。城市生活有它的好处（很明显），但是也有给人徒增压力的方面。我们的周围充斥着太多被迫接收的信息，经常是无用的甚至是可能存在危害的，而真正重要的环境因素对我们来说却太少。“我们成为人类，我们进化史上有 99% 的时间都是生活在自然环境中的，所以我们是适应自然的物种。”宫崎教授强调。

我们身体里的穴居人

换句话说，有时候我们很难想起，达尔文的发现对我们来说一样适用。进化论解释了恐龙的灭亡，解释了许多物种神奇的适应性（比如斑马身上的条纹伪装、北极鱼类的“防冻”血液），而我们人类也被同样的进化论约束着。对我们来说，进化是一个长期的过程，当前的阶段不过是进化史中的沧海一粟。纵观人类在地球上的整个进化史，我们的物种之所以得以存续，仰赖于与自然的紧密关系，仰赖于我们对自然和其中帮助我们找到羚羊或者种植菜园的因素的拥抱。当然，现在这一切都全然不同了，这是坏事儿也是好事儿。不过这种天翻地覆的变化才发生没多久，实在是很短的时间。人类的机体非常复杂，身体、生理、代谢系统、感官、直觉、心理……我们整个物种仍然遵循优胜劣汰的法则，尽量适应自然环境，适应自然的节令，满足需求、辨别各种征兆、应对突发事件和危险状况。换句话说，进化不是为我们适应今天的环境和生活方式而设计，然而今天的环境和生活方式却已经占据了我们的大部分生活。我们的生命并非为了适应大城市、汽车、科技，被迫共生，被日程推着走，被人为材料、室内环境、单调枯燥的结构等控制。可这正是我们今天的世界。

从另一个方面看，这种彻底而快速的变化，逼着我们不得不赶紧跟上，别被落下。但是，适应性的进化发展是极其缓慢的，而社会、经济和文化瞬息万变。我们的器官要在这么短的时间内发生适应性的变化是不可能的。我们不适应今天的生活方式，城市、汽车、突然而至的刺激，但是我们必须生活在其中。实际上，这就是一种整个与我们需求有落差的生存景况。

在这些因素的影响下，我们的机体只能尽力为之。由于信息的缺失和不当、失衡、过量、非自然的刺激，机体也无法作出恰当的反应。科技的发展令人面临越来越难应付的任务，城市环境也变得规矩、统一，越来越错综复杂，生活节奏越来越人工化，污染也越来越严重。这一切都让机体以消极的方式去应对压力、精神疲劳等。我们也已经看到了，身体的这些反应对人的健康和舒适都有着巨大的影响。

我们考虑到在公园中散个步，或者进行森林疗法，可能有助于缓解这种状况。此时，周围的元素和刺激几乎都是自然的。我们的机体在这种环境下唤起的是上万年来建立的适应性带来的反应。就像一台灵敏但是信号很弱的电台，精确地捕捉到了某个波段的信号，从而建立了信号联系。这里干扰很少，信号很强且清晰，甚至都不用调试。回到现实中，我们在自然环境中，由刺激造成的冲突和压力减少了，身体和大脑作出的异常反应也就少了，机体又能重新恢复平衡。由此产生了一种平和、舒适的感受，似乎能眼观六路、耳听八方，那种感觉难以言喻。

形态偏好

与自然环境之间的紧密联系对我们来说非常重要，作为21世纪的人类，我们对环境的优劣十分敏感，自然环境对我们有一种天然的亲和力，使周遭的景致带有一种感情色彩。我们下意识地对从根本上决定我们存续的环境特征有所偏好，天气、光线、树荫、云、风向、日长、土壤特点，还有树木等植物和其他的生命形态。以上是肉眼可见的环境特征，还有一些是通过比如时间感、节奏感、听觉感受、微观和宏观生命形态的交互作用等向我们传达环境的特征。我们对环境中的这些特征非常敏感，并对其作出反应，不知不觉为其中我们各自偏爱的那些特征所吸引。

学者们对这一点也很感兴趣。比如，他们会对面对不同景致的几组被试志愿者进行调查，其中一些面对的是乡村，一些面对的是城市环境，一些面对的是有树的环境，一些面对的是没有树的环境，一些面对的是寸草不生的沙漠，还有一些面对的是树林成片的草场。不同的植物类型、树冠形状以及景观中树木的分布情况也作为变量被考虑了进来。这项研究的结果表明，人们更愿意处于有树等植物的环境中；在有树和没有树的环境中，人们更愿意选择前者（无论是乡村还是城市）。

移走树木等绿色植物，会使人产生负面情绪、行为和社交问题；相反，与其他植物比起来，环境里如果有树木，就能引起人的积极反应，尤其是大型、繁茂的树木。多亏了这些科学实验，我们得以了解到人对一些树种甚至特定景观类型的偏好。

对树木和特定景观的直觉性偏好，从进化的角度看是合理的，正是这些方面的因素对我们在自然中的生存有着巨大的影响。实际上，树木意味着这里有水和掩体，甚至意味着此处可能有猎物、食材、药材和建筑材料。人的眼睛似乎对健康树木的绿叶所反射的光线波长有着特殊的接收偏好。这也是为什么在公园和花园里，那些有红叶或彩色茎叶的装饰性植物看上去总有些“怪怪的”。似乎人类特别会被一些形态吸引：相对于低矮的灌木，人们更喜欢树冠阔大、枝叶茂盛的大型树木。而对于景观，人们则更喜欢那些有很多树木零零散散地散布的开阔地（比如草原），而不是密不透风的树林。总之，我们更喜欢有植物、视野开阔的自然环境。这是由进化决定的：对于两足智力动物来说，在所有感官中，最重要的要数视觉感官，如果能生活在视野开阔、一眼就能望见远处潜藏危险的地方，当然要好过生活在分不清那是豹子纹还是树干花纹的茂密丛林里。

有时我们在乡村或山间散散步（微风轻抚，四周开阔，忘带手机）能感觉到很舒适，或许恰恰因为在这样的环境下，我们的感官能够良好有序地发挥作用。这说法太古老？对，或许完全置身于城市中的人对这个没有太多体会。但我们真的确定这种感受已经不适用于当下了吗？

理顺乱了的节拍

为了对前面的论述做一个补充，我们现在要聚焦于对时间的感觉，对另一个非常重要的方面进行阐述。我们人类今天仍然保持着与自然刺激和自然节律相适应的生活方式。我们的现代生活被人为、武断和机械的时间裹挟——手表、闹钟、日程、预约、期限、人造光源、过度刺激，而我们的身体、精神实际上仍然受生物时间和自然节律控制。

这两种形式的时间不停地发生矛盾，这也是我们生活中压力和冲突的来源之一，这会给我们的心理和身体带来一系列不好的后果。

显然，我们已经轻易适应了机械的时间，就像我们习惯了人为刺激、光线、噪声、混乱一样。置身其中，我们觉得这一切都很正常，甚至会觉得这就是我们希望的样子；对于这种持续的过度刺激、匆忙仓促、失控的状况我们已经习以为常。平和、安静、缓慢的节奏甚至被看成奇怪、特殊，甚至令人焦虑的状态，就像对精神药物产生了依赖性：一旦停药，就会表现出戒断症状。问题在于，完全按照机械时间生活会给我们的身体带来危害。这种身心状态并不正常，只应在突发状况或短暂危机时出现。如果持续时间过长，身体就会出现问题。然而在生活中，我们总得想办法去迎合机械时间，不得不再根据生理时间来调整节奏。

从这个视角来看，树木等植物、花园、大大小小的绿化区，之所以能成为令人向往、令人轻松的环境，对我们的身心健康有很重要的作用，也是因为这样的环境能让我们觉得时间减慢，变得更有规律，更符合让我们演化至今的自然节律。要验证这一点并不难，在公园里走一走，我们对时间的感受好像一下子就不一样了，这会让我们觉得奇怪，仅仅半小时以前我们还在疯狂地忙碌呢。惊奇感也像自然环境一样，能让我们更容易对时间产生不一样的感觉。有一些冥想活动，比如瑜伽，也会带给我们类似的感觉，其中很关键的一点就是关注呼吸，呼吸是我们庞大生物节律系统中的一个重要方面，它让我们的身体得以与自然节律和谐共振。然后，我们又开始了新一天的生活，步调更稳健了，正是因为这种与自然时间同步的时间形式。重新与自然节律同步，比较极端的例子仍可在前面提过的著作《身藏大漠》中找到。

定期调节这种深层次的节律感是十分重要的。人类与自然节律的同步关系是深层意义上的，可以说是基因层面的，是在物种漫长的进化史中形成的。我们的日常作息、机械时间、外部时间、人工时间，一旦与生理节律发生冲突，会使我们的每个细胞都受到波及，从而形成冲突和干扰。因此，从一定意义上来说，重新贴近自然，就是找到与自然同步的节奏。回到这种共振中，我们的身心系统能更好地运行。我们对自身、对我们在世界上所处的位置能有更清楚的认知，也能让我们在自我实现的道路上更进一步。

微观共生

讲到这里，我们已经了解了我们的新陈代谢系统、生理、心理的各个方面演化至今，会在自然环境中表现得更好。我们与自然密不可分，在人类与自然界其他生命形态的互动关系中，还有一种特殊的关系。这种关系似乎不大起眼，但是从宏观的角度看，正像一种生态观所阐述的那样，生命演化的进程是环境中所有生物的共同演化。我们在上万年的演化过程中，一直与各种形状和大小的生物体紧密接触着，其中包括微生物：它们中的每一种也同时进行着自身的演化。因此我们与它们形成了非常复杂的关系，这是另一种持续作用的关系，我们互惠互利、努力生存，并尽可能地使这种互惠的关系更好地得到维系。

针对这种关系的研究都非常有趣。我们已经了解的有：乳酸菌、腐生分枝杆菌、蠕虫，都是对一些病毒有效的应对办法。这些微生物既生存在我们周围的环境中，也生存在我们的身体中（最著名的就是消化道菌群，还有皮肤、呼吸系统、泌尿系统中的微生物群……）。还有一些共生或共栖生物，有时也有一些寄生物，这些寄生物不会让宿主的状况变得太糟，而且还能提供一些好的回馈。举例来说，目前人们正在研究的寄生蠕虫（绦虫就是一种蠕虫）或有令某些严重神经系统疾病发展减缓的功能，比如大脑多发性硬化。也许是因为它们能够抑制自体免疫反应，自体免疫机制就是引发这种疾病的源头，寄生微生物从某种程度上分散了免疫系统的“注意”，从而减少了异常的自体免疫反应。

为什么会有这样的关系存在呢？人们猜测，可能的一种解释是，原始类人猿在接触了某种未知的微生物后，会发生两种变化。如果接触的微生物是有害甚至有毒的，那么接触者可能会生病，甚至死亡，或者免疫系统会发生防御反应，并且学习认识这个敌人。但是也可能，这种接触的微生物是无害或者有益的，那么它在接触者体内的生存和活动或许能发挥好的作用。如果一种原本在外部环境中的共生菌通过饮食来到了接触者体内寄生，就能够帮助消化或者消灭有害微生物；或者这种共生菌能够与免疫系统共同发挥作用，通过提前生成的抗原，来帮助识别哪些“敌人”应该用哪种方法来消灭；或者听从命令链的指挥。

益生菌最广为人知，却也被误解最深，如今因为酸奶广告而家喻户晓，在上万年的人类历史中，这些微生物一直在环境中繁衍生息。所以它们难免会与人类互相作用，难免会寄生在人类的体内，慢慢地，那些对我们生存有利的微生物就会选择留下来。结果，这些微生物房客对我们来说成了不可或缺的一部分：有了这些微生物，人类才得以更好地适应环境；人类的很多系统都有赖于微生物的作用。

如今，人们已经清楚地认识到，人体内菌群紊乱会引发健康问题，其原因主要是（但不仅限于）免疫系统的很多重要功能都要依靠菌群才能得以发挥。这一点被越来越多的人了解，这是好事。因为人们滥用抗生素[62]，卫生狂热分子对环境中每样事物都消毒，从而破坏生物多样性，保护环境中的有益微生物群落变得越来越难。一些人认为，这与一些疾病发病率升高不无关系，这一

62 在欧洲，我们还算幸运，食品生产规定帮我们在食品生产链条中规避了大量抗生素。但是在美国，没有任何规定限制，超过 80% 的抗生素被用于畜牧业，而其中用于医治患病动物的抗生素只占一小部分。其余的抗生素被用来“催熟”家畜，令其快速生长，这种做法多多少少已是业内潜规则。尽管多年来人们纷纷对此否认，但是最终大家都看到了人类食物链中流入了多少抗生素，其在一些婴儿食品和牛排中均有发现。结果，就连我们的新生儿、儿童和青少年也都被“催熟”了。更不用提抗药菌和肠道菌群缺失 / 紊乱问题了，参见本吉蒙（Benkimoun，2014）等。

点我们在前面曾有提及。

今天，人类不健康的生活方式，恶化的城市环境导致人们缺失了重要的微生物元素，而这些元素对人体健康十分关键。也许我们之所以下意识地向往自然环境，这也是原因之一。能够在更加自然、生物更加丰富多样的生态环境中生活，或者哪怕只是在幼年时期频繁接触这样的环境，也能帮助我们与这些重要的有益微生物群落保持联系。

与生俱来的生命亲近感

如果对我们来说，对其他生命形式也一样，找寻某个比较宜居的生活环境是如此关键的事情，那么也许在我们体内真的进化出了一种雷达，一种天然的力量，促使我们去探究“对的”栖居地具备什么样的特征。与其他生命形式接触并非仅限于微生物层面，我们还可以从更广泛的角度去看。

实际上，我们人类遗传基因的编码中就已经包含了一种倾向，那就是关注生命体和容纳万物的“自然系统”，这种倾向的外在表现就在于对这些生命体和“自然系统”（或者至少是其中的一些）的天然亲近感。要说服你相信这一点并不难，只要看看我们社交平台上猫猫狗狗的照片下面会获得多少个“赞”就行了。用更专业一点的说法，这种亲近感被提出者叫作“亲生命性”，亲生命假说在20世纪80年代提出，如今已经有大量的实验数据支持。根据这种模式，人类从生物特性的层面就具备与其他生命形态和自然界共同生存的需求，其中微观的部分我们已经有所了解，而从宏观上看亦如是。对为身心正在全面发展奠定基础的儿童是一种尤为重要的需求。因此，人类进化出一种本能的倾向，使其关注有生命的万物，尤其是动物，还有树木等植物。小孩子容易被毛虫或小狗或花朵深深吸引的现象，就是这种根深蒂固的本能倾向的表现。

从演化的角度，我们能很容易理解这种本能的源起和作用。就像我们说过的，如果生存决定了我们必须住在离树木等植物不远的地方，有树木等植物的地方往往不缺食物，气温适度，也许还有能藏身的地方。那么对我们来说，促使我们准确选择具备这些特征的栖居地的倾向和本能就利于生存。如果我们必须要适应新的环境，那么就要去进行一番探索，找寻确保生存的栖息地的能力无疑是一种生存优势。毕竟，要以狩猎和采摘野食，或者以耕种和饲养家畜为生，就必须对动物和植物深入了解，而且还要学会尽可能地获取关于其培养环境的信息。这就决定了幼年时期对动物和生物体具备这种天然的亲近感，以及乐于对生命探知、观察和学习的倾向都是非常有用的。

对自然界的天然亲近感不仅是一种演化优势，还是我们生存的动机和动力的来源、生命健康的基础。人类的演化史发生在生物环境中，而不是人造世界或经过技术严格设计和控制的世界。

贴近自然，体验自然，与自然中的植物、动物互动，会以十分复杂的方式影响到很多重要的效率和能力。因此，身心健康、智力、情感、自我认知、自尊心、批判性思维、好奇心、想象力，全都要靠我们与自然环境形成的巨大网络来发展。

反之，这也意味着如果环境不具备我们需要的特征，如果我们不去接触自然界，如果“生命亲近感”造成的冲动遭到了阻滞、抑制或者受到弗洛伊德式的精神压抑，就会形成威胁现代人健康的隐患，长此以往还会影响整个人类的存续。而对于儿童来说，可能就无法具备那种人类特有的身体特点，无法培养良好的学习能力、问题解决力以及进步力。我们不是骇人的暴徒，而是具备超强智力、创造力，卓越适应力的物种，自走出洞穴起，我们开辟了无数条道路，取得了巨大的科学、技术和文化成就，我们甚至已经向其他星球进发了。然而，无论如何，我们还是必须遵从生物特性界定的生存法则。否认或忽视这一事实似乎不是明智的做法。

树木等绿色植物和一种新的社会差异

从生物层面上看，人类对自然界中的树木等绿色植物有着深层需求；与自然界及其元素保持有效的接触，对于人体正常生长发展和协调运行至关重要，而所谓的人体正常生长发展和协调运行也就是我们所说的身心健康。

如果没有与自然的这种接触，我们无论身体还是心理都可能罹患疾病，甚至威胁生存。如果我们生活在持续高压的状态下，长期处于不同程度的不适感之中，就会生病。儿童在这样的环境下成长，就会缺乏促进身心发展的相关因素。这种影响会在家庭关系、社会关系，甚至地方经济等等不同层面体现出来。总之，毫无疑问的是，远离树木和自然，人类就没法充分地发挥身心潜力，甚至会遭受危害。

在有茂密植物生长的地方生活，或者有定期去公园、花园以及自然保护区活动习惯的人，会因此受益。相反，不能这样做的人，生活环境终究会有所匮乏，环境不能向人提供让机体良好运行的重要元素，就像营养不良一样。

在今天的世界，与绿色植物的接触变得越发受限。

一方面，因为今天的绿色植物覆盖面积已经大幅减少，现代人要享受绿色植物带来的好处变得很难。居住在城市里的人越来越多，城市距离乡村和野生自然环境非常遥远，而且可能只有街道两旁和公园里的树木是绿色的。大规模的城市化常常导致未经妥善规划的建设工程飞速进展，人们只追求每平方米钢筋混凝土建筑经济回报最大化，而很少注意到城市中绿色植物的必要性。此外，许多公共市政部门工作上的怠惰，将工作重心让位于增加生产力和利润，而疏于公共利益的管理（就像我们经常看到的那样）。绿色植物、绿色植物的生长、对绿色植物的照料和打理，应该是每座先进文明城市重视的一个方面，然而在当今世界却经常被当作不重要的方面。

另一方面，与树木等绿色植物及其他自然元素接触，经常到公园、花园和自然保护区活动，正在成为少数人的奢侈行为。能否接触绿色植物受到人群社会阶层和经济条件的限制。生活水平不高的人往往住在建筑物更加密集的区域，那里的城市公共绿化往往疏于管理。对这个人群来说，也更难以到有绿色植物的场所去，可能仅仅由于时间的原因，或者工作和家庭的关系，最重要的是他们没有时间去城市以外的公园中活动。

还有一个问题在今日比往昔更加凸显，那是一种文化上的匮乏。在这些城市阶层的人群亟于摆脱生活中的多重困境，把到公园或社区花园中去当作一种生活习惯的想法也就不会出现在脑海里了。把这种活动当成必须进行的活动只能是一种遥远而怪异的想法。

所以，那些更愿意接触树木等绿色植物及其他自然元素的人，往往并不是为了功利性的目的，而是将自然对儿童的成长、心理或智力发育，以及对成人和儿童的身心健康、普遍意义上的良好状态，生存环境的优化，情感的均衡，家庭和社会的和谐，甚至经济发展等方面的影响都纳入考虑。

如此一来，一种新的社会差异化形式便出现了，不同的社会阶层对自然界中的绿色植物的可接触性出现了资源和机会上的不平等。这正在变成越来越广泛的现象，就像在相关的社会科学研究中所显示的一样，这些研究认为，对于人类文明来说，这是一种实实在在的危险。甚至在教皇通谕《赞美你》[63]中也对这一问题进行了广泛的探讨，这是一篇非常重要而具远见的文章，呼吁大家通过保护全球生态、重建和谐环境来守护人类共同的家园。文章指出，由于日益恶化的自然环境与人类生存环境紧密相关，复杂的社会和生态环境危机正在全球范围内蔓延，所以我们要尽快行动起来积极应对。

审美的权利

出门走上街，你一眼就看到满树繁花，就仿佛宇宙初创一般。

——程抱一 《心理》 2009 年 7 月

从更大的方面看，由这种差异造成的绿色植物接触少会直接导致个体与社会产生严重的审美匮乏问题。这种对人类与环境关系的反思将视角越过生物层面，考虑的是超出自然环境与身体和个体关系以外的问题，尽管用的是一种全新的思考方式和角度，但仍与本书中探讨过的一些观点相契合。

63 教皇方济各，《赞美你——关于保护我们共同家园的通谕》，梵蒂冈出版社，2015。

如果人性中有什么特点是全人类共有且一以贯之的，那一定是对美感和美好事物的追求、渴望和探寻。作家、哲学家程抱一（Francois Cheng）认为，这种对美的追求是人渴望生命圆满的一个侧面。“因为在对美的渴求中，有着人类对自身圆满的追索。”[64]人类总是在有意无意间追求美，因为美对人有益。人需要美，才能完善自身，圆满生命。美的体验会改变我们，会让我们改掉恶习，让我们在瞬间悟到永恒，就像本节开篇程抱一先生的引述中所说的那样。最重要的是，对美的感受体验令我们得以定义自身、提升境界，因为它让人获得作为人的尊严、同情心及和谐感。无论是对自己，还是对他人，或对周遭的世界。或许在教皇通谕中多次提到美并不是偶然，“扎实、足量的审美教育”被认为是达到“全生态”的必要通路，在“全生态”中，人可以与自然界达成平衡关系，也就能与同类达成平衡关系。

手工造物、技术造物、机器，以及建筑和楼宇除了能发挥实用功能以外，可能还具有审美功能；如果它们在保持实用功能的同时也能够保持审美功能的话就好了。自然，艺术能以不同的形式长期高度满足审美标准。正因为如此，人们有时太纠结于什么样的人造物是美的、什么样的不美。而自然风景的美，树木等植物，以及动物的美，却具有普世性和广泛性，几乎从来不会引发

64　程抱一，《美的五次沉思》（*Cinq meditations sur la beauté*），阿尔宾·米歇尔出版社，2006 年出版；译文由本书译者据本书原文中引用的《美的五次沉思》（意大利版 *Cinque meditazioni sulla bellezza*）所译，博拉蒂·博林基埃里出版社，2007 年出版。

审美判断上的冲突。因为自然的美感未经文明洗礼，也不需要通过专门的课程来教授，不需要受法规制约，也不用培养。程抱一还说：“美诞生于人的灵魂与周遭风景相遇的一刻。”（当时他在讲述自己儿时经常为了欣赏风光而到一个有名的自然风景区去的经历。）

在本书中，我们曾经深入谈过，当我们与树木和自然环境发生互动时，会激发身体—心理—情感兴奋神经。对自然的感受会让我们产生一系列积极的身心反应，对这一现象的研究由来已久，最关键的是，它会让我们重新恢复和谐健康的身心状态。美与审美体验使更多事物进入了我们的视线，拓宽了我们的视野。有人认为，审美体验是一种特殊的振波，这种振波可能十分震撼，也可能大隐于市，当我们的身心进入振波的瞬间，便会发生共振。

对审美体验的追求就是要激发这种身心及审美兴奋神经，这也就促使人去往知名或未知的自然区的动力，也使人更偏爱能生存、能得到休息和照顾的地方（比如疗养区的概念）。人会想让自己的居住地也具备这些地方的特征，为了达到这个目的，人们便发明了一些更加美观的园艺形式。这些园艺形式的灵感都是创造和找寻能够激发审美情趣，令身心达到和谐、舒适、治愈、完满的自然元素。程抱一先生还说，“感受自然之美能令人超越自我，饱饮生命之泉。”某种意义上说，由此，还可能走上自我实现之路。这是全人类的共同渴望。

总之，对人类来说，与自然和自然之美的关系，除却生物需求以外，也是一种深层次的心灵需求，这里的“心灵”指的是人的心理、智力和情感综合而成的非物质因素，也是宗教中的一个词语。就像我们在序言中说的，这种内在关系早在古老的神话和经书中就有所提及。审美体验对人是生命层面上的需求，因为审美体验能让人更好地存活于世，超越自我。审美的权利是出于人性尊严，生来就有的。在尽可能美（除人造美以外）的环境中生活，能够自由、自发地感受美，这是人的基本权利，至少应该是。

最近在英国发表的一篇文章标题耸人听闻：社区美化权[65]，文章提出城市居住区应被赋予美化权。文章从更宏观的角度探讨了“绿化差异”问题，揭示了不同阶层审美体验不平等现象的存在。这种现象既体现在街道、建筑、住宅和其他城市元素（“让我们来拆穿这个谎言吧：把社区规划得更好、更美并不需要花更多的钱。”作者在文章中写道）中，也体现在树木、公园、花园、树林和自然景观中。

要让居民生活更美满、社区更繁荣，美观扮演着重要的角色。它也的的确确在不同层面发挥着积极作用，包括居民健康、经济、社会关系和文明程度等。美和对自身居住地的关注会让人创造更多的美，这是一个良性循环。美具有十分重要的内部价值，关乎

65　阿德里安·哈维（Adrian Harvey）和卡罗琳·朱莉安（Caroline Julian），《社区美化权：赋予社区规划、加强以及创造美景、小区和空间的权利》（*A community right to beauty: giving communities the power to shape, enhance and create beautiful places, developments and spaces*），联邦信托（The ResPublica Trust），伦敦，2015 年 7 月。

其审美品质。“我们应该在使周遭环境变得更美这件事上多花点心思。”文章强调。因为美观的环境对我们每个人的心灵、健康和舒适感都有益处。

所以说，我们与树木等绿色植物和其他自然元素以及美的关系，都是互相关联的。这也让美的范围变得更大了，美不仅是合法和必要的，更是合理的。而且让环境变美是至关重要的事。因此，在关于自然、环保、生态的讨论中，我们要提到一个关键的方面：情感。因为，我们不得不承认，为了尽量保证严谨公正，避免温情主义，导致这个话题的讨论有时候变得过于没有人情味和过于苛刻，人们不愿谈到美。好像美只是美学家和时髦人士的话题，一谈美就会变得很浮夸？但美是人的权利，是人的需求；把谈美当成一件浮躁奢侈的事，意味着将人性中非常美好的一种享受屏蔽掉了。

严谨不意味着没有感情，只要把握好分寸；即使我们坚定地捍卫理性，也并不意味着我们的心就不重要了。正因为我们与树木等绿色植物及其他自然元素有着如此紧密的联系，因此将我们热情中的一小部分投注在寻找和维系这种联系上，似乎也十分必要。

尾声

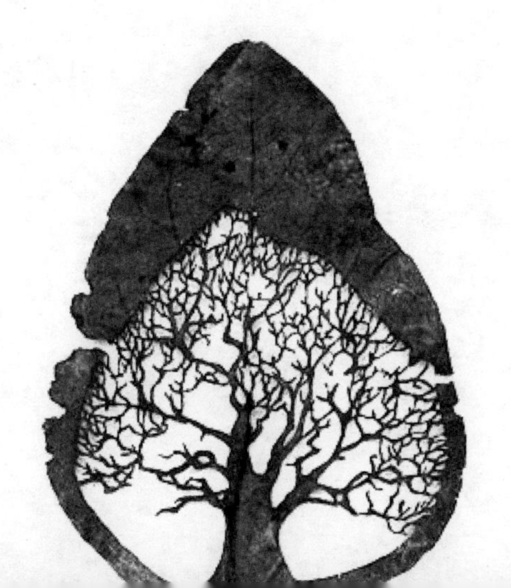

几年前，土耳其伊斯坦布尔因大肆砍伐树木激起了民众的强烈抗议，最后警方花了几个星期，费了好大劲儿才将暴乱平息下来。[66]被砍伐的是盖奇公园的树木，因为它们妨碍了在公园原址建造商业中心的工程。在整件事情的背后，当然还有更复杂的原因，缘起于当时一度十分尴尬的政治局面。然而，在这座人口密集的都市中，引发这场暴乱的导火索仍是公园的拆除。民众比较极端的情绪反应（这是一场真真正正的暴乱）是因城市中的树木等绿色植物而起。

发生在伊斯坦布尔的并非孤立事件，工人们也知道，一旦绿化区域遭到破坏，民众一定会产生这样的反应。比如，在巴黎曾发生过几次因公园和花园遭破坏而引起的强烈抗议活动，于是市

66 不幸的是，许多人死于这场暴乱。

政部门决定将那些最具破坏性的工程改在夜间进行，拔除树木，官方说法是为了不妨碍交通，而实际上一定是为了避免可能引发的抗议活动。这种现象的发生，是因为我们与这些城市中的生灵有着如此特殊的关系，对此我们或许有所意识，但多数时候并没有。

纽约，一棵装饰性梨树曾在双子塔的废墟下气息奄奄，经过市政部门的多年不懈努力，它终于“恢复”了生机，重获新生。如今，这棵“幸存者树”庄严而充满生机地矗立在“世贸中心纪念馆”（Ground Zero Memorial）中央；满是伤痕的老树干上重新生出枝条，树冠郁郁葱葱，开满繁花，它是希望长存与坚韧不拔的象征。对这棵成年树木坚持照料、移栽，这些工作都充满艰辛，成本高昂，而且不知道结果如何。然而，即便是这样，在那场历史性的灾难过后，这些问题都无须犹疑，只需竭尽全力去尝试。最后，生命胜利了。

这样的事件记录着我们与周围环境的联结是多么紧密。我们生活在这个环境中，这里为我们所居，也为我们所变，由我们赋予其感情和意义。而环境反过来也在影响和改变我们的身体、精神以及情绪，丰富我们的内心情感和人生意义。

总的数据

实际上，在人类的生命中，树木等绿色植物及其他自然元素的存在有着很重要的作用，它们能对人的健康和各方面舒适度产生积极影响。我们和它们共同处于一张复杂的关系网络中，彼此间有着千丝万缕直接或间接的联系，这些影响从孕育、分娩就已产生，贯穿整个儿童成长期的诸多方面：运动机能成熟、智力发育、创造力培养等。绿色植物还对身体、神经精神、心理等方面的一些疾病和健康问题有预防和疗愈作用，对成人和儿童均有效果。树木等绿色植物还能帮助降低死亡率，能够促进疗愈，加速康复。有记录显示，它们还对促进社会团结、加强家长责任感、减少侵害行为以及冲突，甚至降低贫困地区犯罪率和暴力事件发生率都有积极效用。

树木、花园和自然环境通过许多不同的途径使这种卓越的作用在各个方面得以发挥。在这个过程中有不同的机制共同运行，而这些机制帮助我们理解自然是如何抵达并影响我们健康和生活状态的。首先，树木、花园和绿化区域能够改善我们生活的环境质量，减缓极端天气现象（降雨、气温），净化空气和水质，减少有毒物质污染，保障丰富的生物多样性。在自然中与树木等绿色植物接触，进行森林沉浸体验，对人的机体运行和生命状态也有显著的直接作用：比如，由现代生活方式带来的压力改变了我们的生理指数和神经精神指数，而在自然中，这些指数都趋于正常值。自然带来的作用还会改善免疫系统功能，缓解脑疲劳。与树木等植物接触还能重新激发一些精神活动。

总之，在一定意义上，当人带着平和的心境漫步于树林中时，全身心都会趋于达到一种和谐的状态。但原因是什么呢？为什么我们对树木、树林和其他自然环境带来的影响会如此敏锐呢？

演化的问题

从人类最早出现的时间算起，我们已经在地球上存在了几百万年了；如果只按照早期智人出现的时间算，也已经有 30 万年了（也有人认为不止于此），总之，人类演化史上有 99% 的时间是在自然环境中度过的。人类能够很好地适应自然环境，人类需要在自然的发展和节奏中生存，在漫长的物种发展史中，自然节律对人类的存续是不可或缺的因素。人类的生理结构、新陈代谢、大脑活动、感受力、思考力的发展演变都是为了更好地与自然环境中的种种因素相适应、对自然的刺激和作用作出反应，以及反作用于自然环境。事实上，自然与人类之间已经在很深的层面上产生了共鸣，因此我们与自然之间要保持紧密联系，这样才能够更好地生存下去。

然而，我们却距离大自然越来越远了。联合国的数据表明，全世界 50% 的人口生活在大都市中，而且这一比例还在不断升高。

“由于人类是在自然中演变而来，因此我们在那里最能够感受到舒服，尽管很多时候我们意识不到。”宫崎良文教授这样概括说。[67]这揭示了我们21世纪的人类为何对自然界总是表现出天生的好奇和偏爱，似乎一到了某些绿植生机勃勃或树木郁郁葱葱的环境中，人的目光就无法移开。当自然节律让外面的天气发生变化时，有意无意间，我们能立刻有所反应。树木挥发出的芳香烃物质中，有一些能够直接作用于我们的生理系统。我们与环境中微生物群落关系相当复杂，但也相当关键。我们甚至天生就具有对自然界生灵的亲近感，这种亲近感驱使我们下意识地向植物和动物靠近。这种天然趋向有着非常古老的演化渊源，我们更愿意处在不让自己饿肚子、遭遇危险（这一点主要针对我们旧石器时代的祖先而言），而且具备对我们健康成长和身心各系统良好运转有利的刺激和条件（这一点对今天的我们仍然受用）的环境中。

根据这一假想，当今人类身心构造所依据的仍是适应野生环境或轻度人造环境的模式，仅在几十年前，我们的生存环境还是这样的。我们的身体构造是为了满足长时间走路或进行大量运动需求的，我们的感官是为了更好地感知自然环境中各种信号而经过调试的；此外，新陈代谢系统、免疫系统、心理系统的各个方面也都同样是适应自然环境的。我们一直都为更好地适应自然环境不停地塑造自己，为能够在自然环境中进行主动活动，或对来

67 宫崎良文，《自然疗法研究》。

自其中的各种刺激和信息及时作出反应而塑造自己。在人类的演化史中，对自然环境中的刺激作出及时合理的反应，意味着能够生存繁衍下去。突然进入混乱的现代生活方式中时，我们不再大量活动，高度依赖科技和电子设备，长期生活在喧闹、拥挤的都市环境（街道、工地、整齐划一、枯燥单调）中，来自其中的刺激都是人造的、过剩的、匆忙的、令人焦虑的，此外还有大量有毒物质、人造合成物质源源不断地涌现，轮番轰炸……这样看，我们身心各方面变得紊乱失衡，还有什么奇怪的？

普遍异步状态

今天，我们生活环境的各个方面以极快的速度被越来越多的人为因素占据，这让我们持续处于紧张之中。我们不得不面对现代生活中的各种压力，所处环境中的诸多因素对我们深层自然构造来说是异化的。而且，这些因素已经变成了全世界大部分人的生活习惯和模式。由此，在一个很大的范围内，人们的生活都处于一种生活方式与生理节奏及需求异步的状态中。

当然，我们也能习惯，也能活下来，能繁衍下去，甚至，还能对我们自身进行调整，毕竟我们人类尤其善于从行为和文化上适应环境。但是，在这个过程中我们要付出巨大的代价，我们要形成和保持一系列完全不同、不合时宜的反应模式，涵盖身体、新陈代谢，以及心理等许多方面，长此以往这就会引发各种疾病，而在真正的疾病发生前，我们先要非常不舒服地生活一段时间。也许这正是发达国家各种急慢性病发病率持续增高的重要原因之一，尽管在这些地方医学和科学都取得了巨大进展。这或许也是世界各地人们亚健康状态和各种不适状况的罪魁祸首之一。简单说，与自然世界的关系一刀两断，迫使我们生活在一个无法适应的环境中，其中充斥着大量不和谐、有毒害、过度的刺激和信息，我们对这些刺激和信息作出的被动反应对我们自身是有害的。对这一切，有的人意识到了，但是很多人没有。

在这样的生活环境中，如果我们能够进行一次自然体验，比如像日本人那样到森林浴场（Shinrin Yoku）中去，在公园或树林中散散步，完全放松，不带任何既定目标，就会让我们的身心从日常生活中那些不和谐、有毒害的环境中暂时解脱出来，完全沉浸在一个有益身心的环境中。这就像由于接收到了“正确”的信号，我们受伤失调、饱受折磨的身心机制与环境终于重新实现了同步。这里没有尖锐的冲突。感知、智能、思想自由自在地“放飞”，我们的身体系统得以恢复，各项生理指数趋于正常。我们感到放松、平和、自在。于是，我们恢复了对自我的感知，重新意识到我们作为人类存在的深层意义。而这一切并不是通过逻辑或者意志，而是通过整体的直觉和感觉，在无意识的状态下完成的。

我们为什么要重视

随着我们与自然的关系一点一点地磨蚀，我们套着人造的救生圈渐行渐远，如今自然对我们来说似乎已遥不可及。于是我们赶紧跑回去进行“自然疗法”（不管是否有用），坚持遵守某种所谓“天然”的饮食法或者锻炼法。甚至连营销这种消费世界的新“圣经”，都要从这野生环境之网中牟利（但其手段通常并不为人称道）。他们推销汽车时会利用森林和野生环境的照片去歌颂自然与自由。而SUV（运动型多功能汽车）本身就表现出人内心的巨大矛盾：“我很想（到自然中去），可是我没办法（因为我生活在现代城市中）。”个体和集体对树木和公共绿化的反应也体现出一种坚持，这是一直在我们内心深处将我们与自然紧紧相系的坚持。被推倒的树木像不像革命的星星之火？毫无疑问，在我们内心的最深处，一直都能感受到自然对我们的不可或缺。

已经有充足的证据显示，继续这样下去，我们就会直撞南墙；大大小小的自然空间正在消失，或者变得遥不可及，我们要到自然中的愿望、享受自然的习惯以及置身其中的体验也在逐渐消失，而这一切都会导致一定的后果。这里所说的后果，是世界要面临的问题（偶尔有人谈起），但也是我们每一个人都要面临的问题（几乎无人谈及）。

这些后果涉及的都是对人类来说最重要的方面。健康受到侵蚀，即便在很多有健康保障的国家也一样；有着极佳福利体系的国家中，人们却在生病，或者在病态、亚健康的状态下生存。人们创造、消化那些足以影响人际关系、家庭关系、社会团结的心理问题。没有树木等植物的生活只会更糟，我们的病会加重，死亡率会更高，这确定无疑；我们会更孤立、自我，更疲惫、易怒。我们的思维无法敏捷，注意力无法集中，情绪无法平和。最重要的是，孩子在成长过程中似乎变弱了，他们的智力、创造力、想象力、自主力，独立面对问题、解决问题的能力都变弱了，总之，缺乏与自然界的有效接触会给人类生存状态的各个方面带来消极影响，而只有这种情况得到改善，我们才能在这个越来越复杂、无常，而且有时候甚至充满敌意的世界中，更好地生存下去。

我们是21世纪的人类，人口众多，寿命很长，掌握万能的科技，那我们为什么还要那么重视树木和自然呢？尽管我们已然知道，我们无法适应人造的、高度城市化的、疯狂的、依赖技术的现代世界，但是仍然有人持有异议：我们只是还没适应而已，总有一天会适应的。演化仍在进行。耐心等待就好了。实际上并非如此，下面就是原因。

如果我们寄希望于演化，那么我们是否有足够的时间去让自己适应这一切呢？这足够的时间，说的可是几百上千年。想想地球上的人口数量，似乎很难想象这个物种灭绝的一天，然而，我们改变环境条件的速度也应该纳入考虑范围。眼下还有一些离我们很近的问题迫在眉睫。我们自认为人类高于其他物种的一些特征和优势正在逐渐退化，而这些特征和优势令我们得以在自己亲手建造的越来越复杂的世界中生存下去，它们包括：运动能力、智力、分析思考力、创造力、人际竞争力、大脑平衡力、自主力、独立思维能力，这些都是会因生活中缺少自然而受到影响的方面。此外，还有许多重要的身体功能也会受到影响。如果明确了这一点，那么说我们的物种面临重大危机的观点似乎也没什么不对的。事实上，在未来，人类的生命或文明模式或许能够很好地整合人类与树木等绿色植物及其他自然元素的关系，人们会看到这样做的好处，因为这关乎构成整个物种的每一个个体的生存质量。

同时，没有树木会让人不舒服。许多重要的身体和精神功能会变差；对儿童成长的诸多方面形成负面作用，我们的后代可能已经在受到危害。最重要的是，此时此地，就像我们已经看到的那样，人们的生存状况并不乐观。我们的认知、情感、心灵都在变得干涸，让我们看不清、看不全这个世界，在我们面临诸如资源枯竭和气候恶化等重大问题时，这样的状态一定没法帮助我们更好地处理。在我们身体、精神、社会的深处，各种问题暗流涌动，这些问题不能不归咎于这个越来越难以捉摸的人造世界和我们与自然的割裂。

过去回不去，未来如何做？

人们认识到树木是如此重要，与自然重新建立联系、修复关系如此“关键”，但常常不小心中了圈套，从而形成一种很危险的误解。人们认为我们可以回到过去，但是那个“过去”只是人们想象出来的，并没有真的存在过。自从人类能够对过去时代进行理想化认知起，就对遥远时代抱有一种怀念，认为过去总是更完美、更纯粹，于是似乎当下就该饱受谴责。为了避免这一误会：我们在此不对穴居人的生活作任何赞扬，我们也不提倡回到狩猎与采摘的生活方式，或者回到新石器时代的农耕生活，抑或黄金时代的完美和谐中去，坦白说，这既不可能，也不令人向往。

我们开辟了条条大路，但没有一条是抹除人类成就之路，这些成就令人类得以拥有今天的生活。如今的我们，衣食无忧，生活之舒适是两百年前的人根本无法想象的，人们不再死于一般的感染，治疗手段和疫苗注射令幼儿成活率经历了革命性的变化，世界上的很多地方都在享用这些成就带来的好处，但很遗憾不是所有地方。人的智力、创造力使我们在科技、艺术、文化、科学等方面有着极高造诣，这一切为我们带来了心灵的启迪和美的感受。但再来看看背面：贫穷、破坏、污染、贪婪、战争、饥饿和无数大大小小的恐怖事件，这一切共同构成了我们的“今天”。

过去回不去了。社会、经济和技术在飞速发展，然而我们从生物构成上根本不可能赶上这样的速度，也就是说，我们必须用尽力气调整自己的生理构造，来迎合现代科技城市的环境。我们身上还有很多东西（不是全部）停留在穴居人时代，然而我们生活在二十一世纪。我们不是为了今天的世界而造的，我们也没有时间通过演化、遗传来适应现实环境，也根本不可能有足够的时间：演化是一个太过漫长的过程。

过去回不去了。那倒不如来修复与树木等绿色植物及其他自然元素的关系，让它们成为我们当今的生活方式中的一个部分。

怎么做到这一点呢？如果生物性适应不可取，我们倒是有一些办法可以进行习得性适应，这也依赖于人类的一大能力：学习能力，或者说对能用且有用的行为反复习得的能力。我们可以利用对自然环境进行特定反应的能力，来缓解现代生活方式带给我们的消极影响，并防止灾难性后果的降临，同时产生更多、更广的积极影响。同时，我们还可以进行主动干预，让那些已经占据主导的城市生活方式向更好的方向发展，让我们周遭的人造环境向对我们的机体运行更有益的方向发展。总而言之，就是更自然一些。

概括来讲，在我们面前，大致有两条路可走：

1. 让城市变得使人的生活更温暖、更舒适，包括人们居住的地方以及周边地方，在制定城市规划和政策的过程中要充分考虑和留意环境因素。要有效实施城市绿化、野生自然区域的保护和维护，并使人们能够享有这些环境带来的好处。这意味着要在更大的范围内种植更多的“绿色”树木，建造更多花园和城市公园，并使这些与城市环境融为一体，多加维护，方便抵达。在城市外围，要尤其注重大面积野生自然环境的保护，并使越来越多的区域得到保护和维护，保护那些原生态和自然的景观，反对滥用土地和不负责任的人为开辟。

2. 在思考力、感受力、行为方面下功夫；要开发和摸索出让我们的生物机能更好地在世界中运行并保持协调均衡的模式。重新认识到，我们身处“万物互联”的自然界，树木等绿色植物并不只是一动不动的背景，它们是我们不可或缺的生命因素。总之，我应当与自然界实实在在地重建联系，并使这种联系得到妥善维护。逐渐改变生活方式，使树木等绿色植物带来的自然体验成为我们生活中不可或缺的一部分；即便是在城市中，也尽可能到城市以外的自然环境中去。让我们与这些关键元素的接触成为生活中的习惯，就像每天刷牙或者关注自己膳食营养一样，一件可以自觉去做的再正常不过的事情。无论以什么形式，与树木和环境接触，即我们所说的自然体验，都不应该被当作日常生活中的额外活动，它是一种习惯性活动。

作为人类权利的绿色环境

因此，到处都应该有树，有许多的树、公园、花园。道路两旁都应该种上树。每个街区都应该有花园。树林、自然保护区、国家公园，这一切，全部都是头等大事。尤其要将城市和城郊的绿化和树林作为城市系统中的一个不可分割的部分纳入考虑；促进城市绿化和树林的面积扩大，并令其得到妥善的料理和维护。

它应该重新成为每座城市中最重要的方面之一，不是表面繁荣的浮夸装饰，而是真真正正的必需品。看看当今世界的庞大都市，对于越来越多的城市居民来说，各种形式的城市绿化可能是他们日常接触自然的唯一便捷途径。

这里也提出一个值得探讨的话题，那就是一种新型社会差异、阶层排斥的产生，我们可以称之为“绿色”不平等。因为如果树木、花园、公园和自然环境以及对它们的接触，真的能给孩子的成长和所有人的健康、社会团结，甚至当地经济带来重要的益处，那么如果不能拥有它们显然就令人处于劣势。很多地方的管理部门将不可替代的公共绿化让位给其他事物，国家自然保护区遥不可及，还有其他令人沮丧的现象，很多地方原本可以享受的绿化区域正在转变为一种贵族特权。富人区总是绿化更好，但普通居民区的管理部门却很少考虑优先将在街道两旁种树、修建与维护公园列入工作计划表。当然，人们的思维方式和行为习惯很重要，较富裕的社会阶层很清楚地意识到看见绿色树木和到公园去是非常重要的，那么这些要素在更富裕的社会阶层的生活环境中就不难见到（不过这就像狗儿咬自己的尾巴，一般这样的人也的确有更多的空闲时间，有更多可用的交通工具，因此更容易到自然环境中去）。如此一来，更需要树木和绿色环境及其益处的人，往往却并没法享有，因为他们住的地方附近没有公园，他们也没有时间，通常也没有意识要在绿色环境中度过时光是生活中很重要、很有用、会带来诸多好处的事情。

关键在于，在这个都市化程度越来越高的世界，树木等绿色植物及整个自然环境的重要性已达到前所未有的高度。因为它们是为数不多的有效降低城市的熵的可行办法之一。宏观上，在大多数的城市住宅区，甚至在更广泛的范围内，树木等绿色植物及其他自然元素能够为人们提供生态服务并改善环境质量、降低过度危害；微观上，在个人以及人际层面上，树木等绿色植物及其他自然元素能够对居民的机体和心理发挥积极作用。

同样，从另一个角度看，保障人们对美感的拥有也是再“正常”不过的。这个话题稍有些复杂，因为对美的界定难免有所偏颇。但是美感对我们的作用却无疑是实实在在存在的。我们对美的渴望，对美的向往，都深深根植于人类的天性中。美和对美的各种体验应该是我们的基本权利。大自然演绎的美是其中的一种形式，可能也是被最普遍接受的一种形式。山的壮丽之美，林的四季之美，园的创意之美，甚至街边的树木也具有其独特之美。自然带给人平和、愉悦的感受，这种感受是当我们的感官达到和谐，达到审美共鸣，美的波长刚好与我们的心波产生共振时产生的，而这心波或许来自远古的涟漪，在漫长的演化中一直不停振荡。这里我们还要提及景观疗愈的理念，以及眼前和身边有自然元素能给人的身体带来诸多好处的观点，这些我们在前面已经详细谈过。寸草不生、混乱不堪、不断恶化的生活环境会让人感到心境荒凉，而这种荒凉感会引起或加重疾病的症状，使患者绝望、愤怒和厌恶。美的体验会为患者打开一扇通往愉悦的大门，对很多人来说，美就是活下去的动力来源。

实际点儿，我到底能做些什么？

首先要改变思维方式。种树，打造和打理花园、公园、自然区，无论是否在城市环境中；学习知识，了解它们能为我们带来什么，精心地照顾它们。政策上也要坚持这一思路，让这件事成为当地或国家管理部门的首要任务，而不只是纸上谈兵。

这样的政策一经规划，应立即实施。但除此之外，我们每个人也有实际的事情可以去做，要马上做，这样才能与树木、公园和自然环境重新建立联系，才能重新从树木、公园和自然环境中汲取能量，获得益处。

那就是到自然中去。

接受采访时，李教授拿出了一本小册子，[68]“如果您有假期，请别选择一座城市作为度假地，找一处自然区去度假吧。您可以每个月去一次，每次只待一个周末，至少三天两晚。在城市里的话，您也可以去公园，至少每个星期去一次。您走路的时候，也

---

68 M.-F. 莫罗西（M.-F. Morosi），访问李青教授（音译，Qing Li），《观点》（*Le Point*），2017 年 11 月 2 日刊。在此前的采访中，一些观点已经被谈及：在 F. 威廉斯（F. Williams）的访谈《在松林中度过两小时，早上请叫我起床》（*Take two hours of pine forest and call me in the morning*），《外面杂志》（*Outside Magazine*），2012 年 10 月号刊。

请您尽可能选择有树木或者树荫的路线。选择那些安静、平和的场所”。

言简意赅，而且不难做到。

还有什么？

1. 到户外去。尽可能让置身自然中成为一种习惯。如果住在城市里，可以找到离你最近的花园、公园，哪怕只是院子里的树也行，只要是适于散步的地方。经常到那里去，探索、学习、了解、观察，可以在不同的时间段，因为光线、天气、季节的变化也会带来不同的感受。你的生活空间会变大，在你对它们悉心照料的同时，它们也在照料你。

2. 对孩子而言，这意味着减少待在家里或室内人工环境的时间，也就减少和限制了使用电子设备的时间，有利于在户外的自然环境下进行自由游戏，可以是独自玩耍，也可以结伴玩耍。选择采用自然教学法的学校，或者至少有在自然环境中进行户外活动的机会。这并不是一个容易操作的教学法，但是对孩子的确有实实在在的好处。这对他们保障身心和谐统一发展有着极其重要的作用。

3. 有意识，有渴望，而不是一时兴起。健康、有活力的环境中一定要有树木等绿色植物及其他自然元素。而人类有权在健康、有活力的环境中生存。在这样的环境中，你和孩子的身体、心理、人际关系状态能够更加完善，尤其是在这样一个城市化越来越高、人口负担越来越重的世界里。不，对自然环境的冷淡、漠视、破坏并不是不可避免的，更不是现代化的必然结果，有些人出于贪婪，有些人出于懒惰和无能，才不负责任地把这种说法当成托词。真正先进的社会把对或远或近的自然环境的维护和关注当成治理政策中优先考虑的事项。下到城市花坛，上到国家公园。真正优秀的城市规划师，会尽可能考虑到这些方面，这并不是过分的要求。要提出需求，不要退而求其次。

我们所有人都应该与自然界重新建立关系。我们要种更多的树，打造、打理和维护更多的绿色区域，无论是在居住环境中还是在野生环境中。同时，我们还应该从自身下功夫，我们要抵御科技带来的虚假安全感的蛊惑，越过文化中的盲区和偏见，识破否认周遭环境对我们自身会产生影响甚至否认环境的存在的谎言。我们必须要形成一种新的思维方式，一种新的看待事物的方式，一种新的诠释周遭世界的方式。只有通过实际行动激发和引导，我们的内心才能从根本上发生变化，我们要实实在在地使与树木和自然的关系成为我们生活的一部分。

怀旧于事无补，我们也不可能回到过去了。我们只有创造一种新的生活方式，将树木等绿色植物及整个自然环境与我们发展至今所取得的成就和进步结合起来。这就是说，以某种形式重新唤起内心的自觉，利用我们人类自身潜意识和非逻辑的感知力，有时候我们称其为“感性”，让它变成我们完善自身不可或缺的一部分。这样，我们才能与周遭的大自然重新建立深层次的联系，这种联系无法言说，也无法从课堂中学到。

天 堂

花园就是天堂，天堂就在花园之中。

《作庭记》(*Sakutei-ki*) 是一本古代日本园艺专著，其中有整整一个篇章都在讲树木。作者的行文枯燥，语言晦涩，使得整部作品读起来高深莫测，其书写对象应是在造园方面已掌握一定专业知识的人。书中提出了一些方法，读者遵循这些方法打造居住环境中的自然区，能够帮助居住者激活身体、心理和情感的某些兴奋丛，关于这一点我们在前面也讲到过。人们希望能通过造园，激发身心各方面的和谐均衡，带来舒适和利于康复的情绪感受，最终激发人的审美感受。无论是从身体还是从心灵上。

佛之说法，皆于树下；

神自天降，皆以树为凭。[69]

换一种说法，树木是神显灵于人间的通路，树木就是神的所在之处。

从某种角度上看，这也是我们在本书中一再论证的问题。自然环境就是通过树木向人类发挥好的作用，没有树木，我们会生病。树木和大自然中有特定的因素，对我们的生活发生着作用和影响。我们与树木等绿色植物及整个自然景观之间重新建立实实在在的联系，便能从自然中获取生命的活力。

因此，对人之佳居，植树尤为切要。

69 此处引文，摘自《作庭记》。见参考文献。（译文由译者译自本书原文）

结束语

早在五十年前，哈罗德·瑟尔斯就曾经说过："环绕在我们四周的非人环境是我们建立心理和情感认知的基础和关键。"此外还有身体。事实不止于此。失去与自然的联系不只会令我们生病，我们会活得很不舒服，而且很可能会丢掉人类最重要的特质。如果孩子成长的街区没有树木，从不去公园玩耍，这样的孩子就会缺乏成长中关键的发展促进因素。成人生活的地方没有绿色植物、没有树木，是有损生活质量的一种缺陷，会导致其身体和精神产生一定的问题。我们需要弄清楚，在与自然界失去联系的同时，我们还在失去什么，从个人层面、社会层面、物种层面来看，我们能允许自己失去到什么程度。

到2050年，地球上的人口可能会达到100亿，其中城市人口占三分之二。对大部分的人来说，城市环境将是他们唯一熟知的环境。今天的人正面临着一个巨大的挑战，那就是找到一种方法尽可能保证和维系人类与自然的联系，因为自然是我们赖以生存的环境。

部分参考文献

这里只罗列了一些通识类的、对了解树木和自然相关问题有启发性的、比较专业的文章或者有重大意义的出版物，旨在帮助读者理解书中的内容。

佚名.《作庭记——造园笔记》，宝拉 · 迪菲利齐（Paola Di Felice）编 . 莱莱特莱出版社（或译，文字出版社，Le Lettere），佛罗伦萨，2001. 校勘本于 2012 年由欧乐施奇出版社（Olschiki）出版，佛罗伦萨，作者推荐此版本，书中配有佛斯科 · 马拉依尼的图片，并由其撰写序言:《围栏中的宇宙，园林艺术基础与日本传统美学》，卷一，书名译文:《作庭记（造园笔记）》.

R. 贝尔托（Berto R.）（2014），《精神 - 心理压力的应对中自然的作用：关于恢复疗法的文献综述》，《行为科学》，2014 年 4 期，394-409；doi：10.3390/bs4040394.

P. 本吉蒙（Benkimoun P.）（2016），《正在酝酿全球性危机的抗生素抗药性》,《世界》，2014 年 5 月 3 日 .

G. N. 布莱特曼（Bratman G N），P. 汉弥尔顿（Hamilton P），G.C. 戴立（Daily G C）（2012）,《自然对人类认知功能和大脑健康的影响》,《美国科学院年报》，刊期：生态与生物保护年。doi:10.1111/j.1749-6632.2011.06400.x.

A. 康塔尼（Cantani A.）（2014）,《雾霾对儿童的危害》,《晚邮报》2014 年 3 月 4 日载 .

程抱一（Cheng F.）（2007）,《美的五次沉思》，博拉蒂 · 博林基埃里出版社，都灵 .

P. 戴旺德（Dadvand P.），等，（2015）,《绿色空间与小学学龄儿童的认知发展》,《美国国家科学院院报》; 2015 年 6 月 15 日网络首发，doi:10.1073/pnas.1503402112 PNAS, 2015 年 6 月 30 日出版，no.26 7937-7942.

M. 迪内蒂（Dinetti M.）（2017）,《城市绿化与树木》，意大利鸟类保护联盟（Lipu）自然保护资料库，n.2., pp.52.

http://www.lipu.it/files/Il_verde_urbano_e_gli_alberi_in_citt_def.pdf.

G.H. 多诺万（Donovan G.H.）等，（2013）,《树木与人类健康的关系——由白蜡窄吉丁分布状况显示的证据》,《美国医药预防杂志》，2013 ; 44（2）: 139-145.

F. 费里尼（2017）,《钱包里的树：智慧城市与环保实践》,《24 小时太阳报》，2017 年 5 月 17 日 .

T. 弗拉图斯（2017）,《沉默的巨人——意大利城市中的树木纪念碑》，邦皮亚尼出版社，米兰 .

W. 盖思乐（Gesler W.），《有疗愈作用的景观：希腊埃皮达鲁斯研究案例与理论》，《环境与 D 型规划：社会与空间》，1993；11：171-89.

I. 贾康内（2016），《蜗牛的足迹：在树林与幼儿园小朋友共度的早上》，《宣言》，2016 年 4 月 9 日 .

E. 吉斯（2006），《公园有益健康的白纸：公园如何帮助美国人及其社区保持健康》，公共土地信托，旧金山，2006.

K.R. 金斯伯格（Ginsburg K.R.）（2007），《玩耍对儿童成长的重要促进作用与对亲子关系高度维系力》，119.1（2007），美国儿科医学院，2007 年 1 月 .

P. 格朗让（Grandjean P.）（2013），《唯一的机会：环境污染如何影响大脑发育以及如何保护下一代的大脑》，牛津大学出版社 .

A. 哈维（Harvey A.），C. 朱莉安（Julian C.），《社区美化权：赋予社区规划、加强以及创造美景、小区和空间的权力》，联邦信托（The ResPublica Trust），伦敦，2015 年 7 月 .

H. 约翰森（Johnson H.）（1973-1999），《树木国际手册（校勘本）》，尚塞乐出版公司（Chancellor Press），伦敦 . 这本实用手册首版已译为意大利语：休 · 约翰森（Hugh Johnson）（1974），《树木》（Gli alberi），阿尔诺德 · 蒙达多利出版社，米兰 .

P.H. 卡恩（Kahn P.H.），S.R. 凯勒特（Kellert S.R.）（2002）编著，《儿童与自然：心理学、社会文化与演化研究》，麻省理工学院出版社，剑桥，马萨诸塞州 .

R. 卡普兰（Kaplan R），S. 卡普兰（Kaplan S.）（1989），《自然体验：心理学视角》，剑桥大学出版社，纽约 .

《赞美你——关于保护我们共同家园的通谕》（2015），教皇方济各，梵蒂冈出版社 .

洛尔六世（Lohr VI）（2011），《绿化人类的环境：无人言说的益处》，《国际园艺学报》，916 : 159-170.1.

A. 洛根（Logan A.），E. 舍鲁波（Shelub E.）（2014），《你的大脑与大自然》，约翰威立国际出版公司（Wiley & Sons），纽约 .

R. 洛夫（2006），《林间最后的小孩：我们的孩子如何重新走向大自然》，里佐利出版社，米兰 .

G.S. 洛沃希（Lovasi G.S.），J.W. 奎恩（Quinn J.W.），K.M. 尼克曼（Neckerman K.M.），M.S. 贝尔扎诺夫斯基（Perzanowski M.S.），兰道尔等（2008），《居住区街道两旁栽有树木的儿童哮喘发病率较低》，《社区健康流行病学报》，2008 年 7 月；62（7）: 647-9. doi : 10.1136/jech.2007.071894.Epub2008 年 5 月 1 日 .

郭明（Ming Kuo，音译）（2015），《接触自然如何促进人类健康？可能机制与可能中心通路》，《心理学前沿》，2015 ; 6. doi:10.3389/fpsgy.2015.01093.

宫崎良文（Miyazaki Y.）.（见正文），《自然疗法研究》，《环境健康与田野科学中心》，千叶大学 .

G. 芒比奥特（Monbiot G.）（2009），《每日启示录 - 为普遍正义的六个论题》，环境出版社，米兰 .

G. 芒比奥特（Monbiot G.）（2013），《野生：让土地、海洋和

人类的生活回归野性》，企鹅出版社 .

S.A. 穆尼奥兹（Muñoz S.A.）（2009），《户外的孩子：文献综述》，可持续发展研究中心，福里斯，苏格兰，英联邦共和国 . Pdf 网上可查：

http://www.academia.edu/261361/Chioldren_In_the_Outdoors.

B.J. 帕克（Park B.J.），Y. 恒次（Tsunetsugu Y.），T.（Kasetani T.）,T. 香 川（Kagawa T.），Y. 宫 崎（Miyazaki Y.）（2010），《Shinrin-yoku（进行森林沉浸体验或森林沐浴的活动）的心理效应：在日本全国 24 座森林中进行的田野试验证据》,《环境 . 健康 . 医药》，2010 年 1 月；15（1）：18-26.doi:10.1007/s12199-009-0086-9.

A. 布鲁斯 - 乌斯塔曼（Prüss-Üstün A.）,C. 科尔瓦兰（Corvalán C.）（2006），《在健康的环境中预防疾病：倾向于疾病的环境负担观点》，世界卫生组织，日内瓦 .

P.D. 莱尔福（Relf P.D.）（2005），《植物的医疗价值》，《康复科》, 8:3,235-2.

M. 施皮策尔（Spitzer M.）（2013），《数字痴呆症》，戈尔巴乔出版社，米兰 .

泰勒 · 郭（Taylor Kuo）（2009），《有注意缺陷的儿童在公园散步时能更好地集中注意》，《注意障碍杂志》，2009 年 3 月，第 12 期

no.5 402-409.

R.S. 乌尔里希（Ulrich R.S.）（1984），《窗外风景或可影

后康复效果》，《科学》，1984；224：420-1.

L. 冯 · 赫尔赞（Von Hertzen L.），I. 汉斯季（Hansk

特拉（Haahtela T.）（2011），《自然免疫．生物多样性丧失与感染性疾病是两种可能互相关联的全球大趋势》，EMBO 报告 12（11）：1089-1093.

N.M. 威尔斯（Wells N.M.）（2000），《在家与自然相伴：绿化对儿童认知功能的发挥的效应》，《环境与行为》，2000；32：775-795.

世界卫生组织（WHO）（2005），《生态系统与人类幸福：健康综论．千年生态系统会议报告》，世界卫生组织，日内瓦．

克里斯托弗·安德烈（Christophe André）

每天冥想三分钟

“是人类就尝过痛苦的滋味，没有人不想解脱。”

精神科医师、精神治疗师克里斯托弗·安德烈从这一前提出发，向读者介绍了一系列方法，这些方法可以帮助我们学会意识内省术。安德烈通过40个激发读者品读内心的主题，教会我们关注内心世界，并告诉我们如何去理解自己的内心。他告诉我们，通过冥想，我们可以以更理性的方法去面对负面经历，以更加积极的心态去生活。

每天只需要三分钟，用入静的方式，体验到“光明的幸福感”：冥想可以帮助我们理解自己的思想，仿佛有情感流淌遍全身，从而影响我们的情感、行为和冲动。

花一点时间来深入自己的内心，能够帮助我们找到情绪的平衡点。让我们能够活在当下，感受到我们的每一种情绪，让我们学会倾听自己心灵的声音，以及周围人的心灵的声音。

总之，冥想能够改变我们与世界的关系，让我们有一种方法能够全知地面对自己的生活。

图书在版编目（CIP）数据

树医生的城市处方 /（意）瓦伦汀娜· 伊万契克著；金佳音译. -- 北京：北京联合出版公司，2022.2

ISBN 978-7-5596-5677-3

Ⅰ. ①树… Ⅱ. ①瓦… ②金… Ⅲ. ①自然科学－普及读物 Ⅳ. ①N49

中国版本图书馆CIP数据核字(2021)第220192号

树医生的城市处方

作　　者：[意] 瓦伦汀娜 · 伊万契克（Valentina Ivancich）
译　　者：金佳音
出 品 人：赵红仕
出版监制：刘　凯　赵鑫玮
题策划：联合低音
杭　玫
设计

关注联合低音

00088）

10.75印张

部分或全部内容
中心联系调换。电话：（010）64258472-800

人类的生活回归野性》，企鹅出版社 .

S.A. 穆尼奥兹（Muñoz S.A.）(2009),《户外的孩子：文献综述》，可持续发展研究中心，福里斯，苏格兰，英联邦共和国 . Pdf 网上可查：

http://www.academia.edu/261361/Chioldren_In_the_Outdoors.

B.J. 帕克（Park B.J.），Y. 恒次（Tsunetsugu Y.），T.（Kasetani T.）,T. 香　川（Kagawa T.），Y. 宫　崎（Miyazaki Y.）(2010),《Shinrin-yoku（进行森林沉浸体验或森林沐浴的活动）的心理效应：在日本全国 24 座森林中进行的田野试验证据》,《环境 . 健康 . 医药》, 2010 年 1 月；15（1）：18-26.doi:10.1007/s12199-009-0086-9.

A. 布鲁斯 - 乌斯塔曼（Prüss-Üstün A.）,C. 科尔瓦兰（Corvalán C.）(2006),《在健康的环境中预防疾病：倾向于疾病的环境负担观点》，世界卫生组织，日内瓦 .

P.D. 莱尔福（Relf P.D.）(2005),《植物的医疗价值》,《康复科》, 8:3,235-2.

M. 施皮策尔（Spitzer M.）(2013),《数字痴呆症》，戈尔巴乔出版社，米兰 .

泰勒 · 郭（Taylor Kuo）(2009),《有注意缺陷的儿童在公园散步时能更好地集中注意》,《注意障碍杂志》，2009 年 3 月，第 12 期 no.5 402-409.

R.S. 乌尔里希（Ulrich R.S.）(1984),《窗外风景或可影响术后康复效果》,《科学》，1984；224：420-1.

L. 冯 · 赫尔赞（Von Hertzen L.），I. 汉斯季（Hanski I.），T. 哈

特拉（Haahtela T.）（2011），《自然免疫 . 生物多样性丧失与感染性疾病是两种可能互相关联的全球大趋势》，EMBO 报告 12（11）：1089-1093.

N.M. 威尔斯（Wells N.M.）（2000），《在家与自然相伴：绿化对儿童认知功能的发挥的效应》，《环境与行为》，2000；32：775-795.

世界卫生组织（WHO）（2005），《生态系统与人类幸福：健康综论 . 千年生态系统会议报告》，世界卫生组织，日内瓦 .

克里斯托弗·安德烈（Christophe André）

每天冥想三分钟

“是人类就尝过痛苦的滋味，没有人不想解脱。”

精神科医师、精神治疗师克里斯托弗·安德烈从这一前提出发，向读者介绍了一系列方法，这些方法可以帮助我们学会意识内省术。安德烈通过40个激发读者品读内心的主题，教会我们关注内心世界，并告诉我们如何去理解自己的内心。他告诉我们，通过冥想，我们可以以更理性的方法去面对负面经历，以更加积极的心态去生活。

每天只需要三分钟，用入静的方式，体验到“光明的幸福感”：冥想可以帮助我们理解自己的思想，仿佛有情感流淌遍全身，从而影响我们的情感、行为和冲动。

花一点时间来深入自己的内心，能够帮助我们找到情绪的平衡点。让我们能够活在当下，感受到我们的每一种情绪，让我们学会倾听自己心灵的声音，以及周围人的心灵的声音。

总之，冥想能够改变我们与世界的关系，让我们有一种方法能够全知地面对自己的生活。

图书在版编目（CIP）数据

树医生的城市处方 /（意）瓦伦汀娜·伊万契克著；金佳音译. -- 北京：北京联合出版公司，2022.2
ISBN 978-7-5596-5677-3

Ⅰ. ①树… Ⅱ. ①瓦… ②金… Ⅲ. ①自然科学-普及读物 Ⅳ. ①N49

中国版本图书馆CIP数据核字(2021)第220192号

树医生的城市处方

作　　者：[意] 瓦伦汀娜·伊万契克（Valentina Ivancich）
译　　者：金佳音
出 品 人：赵红仕
出版监制：刘　凯　赵鑫玮
选题策划：联合低音
责任编辑：杭　玫
封面设计：象上设计
内文排版：艺　美

关注联合低音

北京联合出版公司出版
（北京市西城区德外大街83号楼9层　100088）
北京联合天畅文化传播公司发行
北京美图印务有限公司印刷　新华书店经销
字数141千字　880毫米×1230毫米　1/32　10.75印张
2022年2月第1版　2022年2月第1次印刷
ISBN 978-7-5596-5677-3
定价：45.00元